AF332561

INSTRUCTION

ABRÉGÉE

SUR LES MESURES

DÉDUITES de la grandeur de la Terre, uniformes pour toute la République,

Et fur les Calculs relatifs à leur divifion décimale ;

PAR la Commiffion temporaire des Poids & Mefures républicaines,

En exécution des Décrets de la Convention Nationale.

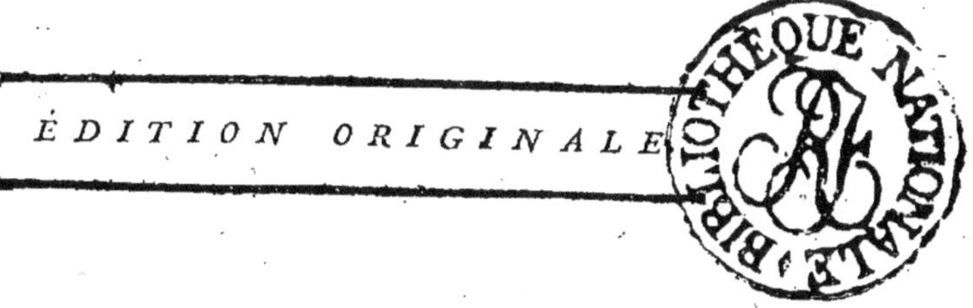

À PARIS,

DE L'IMPRIMERIE NATIONALE EXÉCUTIVE DU LOUVRE.
An II.ᵉ de la République une & indivifible.

TABLE

Des articles contenus dans cette Instruction.

AVANT-PROPOS.

Nous approchons de l'époque fixée par la Convention nationale pour l'établissement d'un poids & d'une mesure uniformes dans toute l'étendue de la république. Cette uniformité est un nouveau gage de la prospérité des Français ; elle va bannir du commerce les fraudes qui s'y glissoient à la faveur d'une diversité insidieuse ; elle facilitera les échanges & les acquisitions ; elle affermira les fondemens de l'égalité ; elle présentera tous les Français sous l'image d'une immense famille où tout est commun, tout se ressemble, & annonce une parfaite union.

Le plan qu'ont adopté les législateurs, ajoute par lui-même un nouveau prix à celui qui résulte de l'uniformité des mesures républicaines, en déduisant ces mesures de la grandeur de la terre, & en prenant leur base dans la nature. Elles en sont mieux assorties à la dignité du peuple Français & de ses représentans ; elles renferment l'espérance d'une adoption générale de la part des autres nations, auxquelles la nature, qui est de tous les temps & de tous les lieux, les offre ainsi qu'à nous, qui aurons seulement la gloire particulière d'avoir été les premiers à les recevoir de sa main.

Enfin, la manière dont les mesures républicaines ont été divisées & sousdivisées en parties toujours dix fois plus petites, ramènera tous les calculs à une méthode extrêmement simple, qui épargnera beaucoup de temps, de peine & d'occasions de méprise, & répandra tant de facilité dans l'étude d'une science jufqu'alors fi compliquée, qu'à l'avenir les enfans de tous les citoyens, fans aucune diftinction, fauront l'arithmétique toute entière. Tels font les avantages que le nouveau fyftème promet à la nation : c'eft un affemblage de plufieurs bienfaits réunis dans un feul bienfait.

La Commiffion temporaire des poids & mefures républicaines a été chargée par un décret de la Convention nationale, « de la compofition d'un livre à l'ufage » de tous les citoyens, contenant des » inftructions fimples fur la manière de fe » fervir des nouveaux poids & mefures, » & fur la pratique des opérations relatives » à leur divifion décimale ». Pour remplir plus complettement cette intention des légiflateurs, elle a cru devoir divifer fon travail, & publier à la fois trois Inftructions

diverfes, fur l'objet confié à fes foins.
Dans la première, elle a donné un certain
développement à l'expofition des moyens
qui ont été employés pour la détermination des mefures républicaines; elle s'est
étendue auffi davantage fur la méthode
de calcul qui fe rapporte à la divifion des
mêmes mefures.

La feconde Inftruction qui eft celle
dont il s'agit ici, eft plus courte & plus
élémentaire. On l'a prefque bornée à ce
que le fyftème renferme d'effentiel pour
les befoins de la vie & les ufages de
la fociété. Elle n'eft point d'ailleurs pro-
prement un abrégé de la première. A
l'exception de quelques détails qui font
communs à l'une & à l'autre, tout le refte
eft traité d'une manière différente, & plus
affortie au but que l'on s'y eft propofé.
Il en réfultera cet avantage, que ceux

qui voudront lire succeſſivement les deux ouvrages, en commençant par celui-ci, y trouveront un progrès d'idées qui les conduira comme par degrés d'un enseigne-ment plus ſimple & plus familier, à des connoiſſances plus relevées; & c'eſt dans la vue de rendre cette double lecture plus profitable, qu'en rédigeant le ſecond ouvrage, on a changé tous les exemples relatifs à l'arithmétique propoſés dans le premier, ce qui offrira aux citoyens qui feront ſuccéder une lecture à l'autre, une nouvelle matière d'exercice, & une facilité de plus pour perfectionner leurs connoiſ-ſances, en employant deux moyens d'étude qui ſe prêteront un mutuel ſecours.

Le troiſième ouvrage ſe réduira à un ſimple précis du ſyſtème, que l'on impri-mera partie en format in-8.°, pour être diſtribué, & partie en forme d'affiche, pour demeurer expofé à la vue des citoyens, dans tous les lieux publics. Ils trouveront ainfi des occafions continuelles d'acquérir des connoiffances fur les nouvelles mefures; ils fe familiariferont d'avance avec les noms de ces mefures, leurs divifions & leurs ufages. Tout les invite à profiter, dans cette vue, des momens qui leur reftent, tandis que les artiftes leurs frères, infpirés par le génie fécond de la république, & fortant de ces pratiques timides & tardives fondées fur une fervile imitation de ce qui avoit été fait jufqu'alors, s'empreffent de créer d'ingénieufes machines, qui écono-mifant le temps & la main-d'œuvre, garantiffent la modicité du prix, & auront ainfi le double mérite de hâter le moment de la jouiffance, & d'appeler indiftincte-ment tous les citoyens à la partager.

INSTRUCTION

INSTRUCTION

ABRÉGÉE

SUR

LES MESURES DÉDUITES

DE LA GRANDEUR DE LA TERRE.

PREMIÈRE PARTIE.

SYSTÈME des Mesures déduites de la grandeur de la Terre.

NOTIONS PRÉLIMINAIRES SUR LES MESURES.

1. LA plus simple de toutes les manières de mesurer, est celle qui se pratique dans les opérations semblables à la suivante. Un ouvrier veut connoître la hauteur d'un mur : pour cela, il prend un pied, & l'applique à

Instruction abrégée.   A

plusieurs reprises sur ce mur, en suivant une même ligne de bas en haut, & en recommençant chaque fois à l'endroit où il vient de finir. Il trouve qu'à la douzième fois l'extrémité du pied tombe juste sur celle du mur, & il en conclud que le mur a douze pieds de hauteur. Il s'y prendroit de même pour mesurer soit la largeur soit l'épaisseur d'un corps. D'après cela, qu'est-ce que mesurer une étendue en longueur, ou en largeur, ou en épaisseur ? C'est chercher combien de fois cette étendue contient une certaine longueur que l'on prend pour mesure, & qui est ici la longueur du pied. Les mesures qne l'on emploie, dans ces sortes de cas, s'appellent *mesures linéaires*, parce que l'étendue qu'elles servent à mesurer est une simple ligne.

2. Dans d'autres cas, on fait attention en même temps à la longueur & à la largeur de l'étendue que l'on considère, comme lorsqu'on veut connoître la grandeur d'une cour. Pour y parvenir, on cherche combien cette grandeur renferme de toises carrées ou de pieds

(3)

carrés *(a)*, & la mesure alors est elle-même la toise carrée ou le pied carré. Ces sortes de mesures s'appellent en général *mesures de superficie* ou *mesures de surface;* & quand l'étendue qu'elles servent à mesurer est celle d'un champ, d'un bois ou de toute autre portion de terrain, elles prennent le nom de *mesures agraires (b)*. Ainsi l'arpent est une mesure agraire, parce que souvent on mesure un champ ou un bois, en cherchant combien son étendue renferme d'arpens.

3. On peut aussi considérer à la fois la longueur, la largeur & la profondeur ou l'épaisseur d'un corps que l'on se propose de mesurer, comme lorsque l'on cherche combien un mur contient de pieds cubes ou de toises cubes de maçonnerie *(c)*. La mesure dans

---

(a) On appelle toise carrée, un carré dont chaque côté est égal à une toise, pied carré celui dont le côté est égal à un pied, &c.

(b) Ce mot est tiré du mot latin *ager*, qui signifie un champ. De-là vient qu'on dit *agriculture* pour exprimer l'art de cultiver les champs.

(c) Un cube est un corps à six faces carrées, semblable à un dé. Ce corps se nomme *toise-cube, pied-cube,*

ce cas eſt elle-même le pied cube ou la toiſe cube. Les meſures deſtinées à cet uſage ſe nomment en général *meſures de ſolidité*, & l'on appelle en particulier *meſures de capacité*, celles qui ſervent à connoître la quantité de liquide ou de grains que contient un vaſe. Ainſi la pinte & le boiſſeau ſont des meſures de capacité.

4. Les poids, tels que la livre, la demi-livre, l'once, &c. peuvent être regardés auſſi comme des eſpèces de meſures. Lorſqu'on dit, par exemple, d'un corps, qu'il pèſe huit livres, on conſidère combien de fois le poids de la livre eſt contenu dans celui de ce corps, ce qui eſt une manière de meſurer le poids dont il s'agit.

5. Enfin l'uſage des monnoies a auſſi beau-coup de rapport avec celui des meſures dont nous venons de parler. Ainſi lorſqu'en calculant le prix d'une certaine quantité de

---

pouce-cube, &c., ſuivant que les côtés des carrés qui le terminent ſont égaux à une toiſe, à un pied, à un pouce, &c.

marchandiſe, on trouve qu'elle vaut vingt-quatre livres tournois, c'eſt une manière de meſurer ce prix, en conſidérant combien de fois il contient la livre tournois.

6. On voit par ce qui précède, que quand on a meſuré quelque choſe, on rapporte tou-jours le réſultat de l'opération à une certaine meſure déterminée, qui eſt contenue plus ou moins de fois dans la choſe à meſurer. Cette meſure s'appelle plus particulièrement *unité de meſure*. Lorſque cette unité n'eſt pas contenue exactement & ſans reſte dans la choſe à meſurer, on exprime ce reſte par des ſous-diviſions de l'unité, comme lorſqu'ayant meſuré la hauteur d'un mur à l'aide du pied conſidéré comme unité, on trouve que cette hauteur eſt de dix pieds ſix pouces.

7. Nous allons maintenant faire connoître les diverſes meſures qui, dans le nouveau ſyſtème, remplacent celles dont on faiſoit uſage juſqu'à préſent. Ces meſures ſont de cinq eſpèces différentes ; ſavoir, 1.° les meſures linéaires qui ſervent à meſurer un corps

dans un seul sens ; 2.º les mesures agraires employées pour connoître l'étendue d'un terrain ; 3.º les mesures de capacité, à l'aide desquelles on juge de la contenance d'un vase ; 4.º les poids ; 5.º les monnoies.

I. DES MESURES LINÉAIRES.

8. L'UNITÉ de mesure linéaire la plus usitée dans l'ancienne manière de mesurer, étoit la longueur du pied. On avoit divisé cette longueur en douze pouces, & chaque pouce en douze lignes. Pour mesurer les étoffes on se servoit de l'aune, que l'on divisoit en demies, en tiers, en quarts, &c. On sait combien la longueur de cette dernière mesure varioit dans les divers pays ; & en général les anciennes mesures n'avoient rien de fixe, ce qui étoit un grand inconvénient pour le commerce, & occasionnoit de fréquentes méprises, lorsqu'on passoit d'un pays dans un autre où les mesures étoient différentes.

9. Si l'on ne s'étoit proposé que de rendre les mesures uniformes dans toute l'étendue

de la République, on auroit pu se contenter d'en choisir une de chaque espèce, par exemple, pour l'aune, celle de Paris, en convenant que cette aune à l'avenir seroit la seule employée dans les différentes parties de la France; mais il étoit fort à désirer, pour l'intérêt général du commerce, que tous les peuples civilisés eussent les mêmes mesures; or celles qui auroient été choisies arbitrairement dans un pays, n'étoient pas propres à être également adoptées dans les autres pays. Pour qu'on pût espérer que cette adoption auroit lieu dans la suite, il falloit des mesures qui ne tinssent à aucun lieu, à aucune nation, & qu'on pût regarder comme universelles.

10. Tel a été l'objet qu'on s'est proposé dans le plan dont la Convention nationale a décrété l'exécution. En conséquence, on a pris les nouvelles mesures dans la nature, en les faisant dériver de la grandeur de la terre, & pour les déterminer, on s'est servi de la longueur du quart du méridien, qui est la ligne que l'on suivroit en allant,

par le plus court chemin, de l'équateur au pôle (a).

On a donc mesuré cette longueur à l'aide de la géométrie & de la physique, ce qui peut se faire beaucoup plus aisément & plus promptement qu'on ne le croiroit, à en juger d'après les apparences, parce qu'il suffit de mesurer immédiatement une certaine partie du quart du méridien, savoir celle qui en occupe le milieu, pour trouver ensuite tout le reste avec une grande exactitude, au moyen du calcul.

Unité usuelle des Mesures linéaires.

11. La longueur du quart du méridien étant bien connue, on l'a supposée successivement divisée en parties toujours dix fois plus petites, dans la vue de chercher parmi ces parties une longueur qui fût propre à servir d'unité de mesure linéaire, pour remplacer

---

(a) L'équateur est un cercle que l'on imagine partager la terre en deux moitiés, en passant par tous les points où la durée du jour est constamment égale à celle de la nuit. Les deux points les plus éloignés de ce cercle s'appellent l'un *Pôle-nord*, & l'autre *Pôle-sud*.

celle dont nous faisons usage. En conséquence, prenant d'abord la dixième partie de la longueur du quart du méridien, on a trouvé que cette partie contenoit deux cent vingt-cinq lieues, ce qui est à peu-près la longueur de la France entre Perpignan & Dunkerque. Cette même partie divisée en dix à son tour, à donné une longueur de vingt-deux lieues & demie, un peu moindre que la distance de Paris à Amiens. Par une troisième division, on a eu une longueur d'environ cinq mille cent trente-deux toises ; par une quatrième, une longueur de cinq cent treize toises ; par une cinquième, une longueur de cinquante - une toises ; par une sixième, une longueur à peu-près de trente pieds ; & enfin par une septième, une longueur de trois pieds onze lignes & quelque chose de l'ancienne mesure. Cette dernière longueur qui ne diffère pas beaucoup de celle de l'aune, a paru commode pour être employée comme unité de mesure. La longueur précédente qui égaloit à peu-près trente pieds, étoit évidemment trop grande ; la suivante, qui n'avoit pas quatre pouces, auroit été beaucoup trop petite. On se trouvoit donc conduit à adopter la longueur intermédiaire par préférence à toutes les autres longueurs.

12. On conçoit aifément qu'à l'aide de la divifion dont nous venons de parler, le quart du méridien s'eft trouvé fousdivifé fucceffive-ment en dix, en cent, en mille, en dix mille parties, &c. ; & c'eft au terme où le nombre des parties étoit de dix-millions, que l'on a eu la longueur d'environ trois pieds, qui a fourni l'unité de mefure; en forte qu'elle eft la dix-millionième partie du quart du méridien. On lui a donné le nom de *mètre*, qui fignifie *mefure*.

13. Le mètre étant déterminé, on l'a auffi divifé en parties toujours dix fois plus petites, propres à tenir lieu des pouces & des lignes; laquelle divifion n'eft qu'une continuation de la divifion du quart du méridien. La dixième partie du mètre, dont la longueur approche de quarante - quatre lignes & demie, a été nommée *décimètre ;* la dixième partie du déci-mètre, qui eft en même temps la centième partie du mètre, & qui vaut à peu - près quatre lignes & quatre neuvièmes, s'appelle

centimètre ; & enfin la dixième partie du centimètre, qui eſt en même temps la millième
partie du mètre, & qui égale à peu - près
quatre neuvièmes de ligne, portera le nom
de *millimètre.* On s'eſt arrêté à ce terme, qui
ſuffit pour les uſages ordinaires. Ceux qui
voudroient une plus grande préciſion, pourront continuer la diviſion du mètre juſqu'aux
dix-millièmes & au-delà.

14. Ainſi repréſentez - vous une longueur
de trois pieds onze lignes & demie à peu-près
de l'ancienne meſure ; vous aurez l'idée du
mètre ou de l'unité uſuelle des nouvelles meſures de longueur ; & au lieu que le pied étoit
diviſé par douze, en pouces & en lignes,
figurez-vous le mètre diviſé par dix, en parties
toujours plus petites ; & de même que vous
diſiez *pied, pouce, ligne,* pour exprimer l'ancienne unité de meſure avec ſes diviſions,
vous direz à l'avenir, *mètre, décimètre, centi-*
mètre, millimètre, ce qui vous donne une
diviſion de plus.

15. On a choiſi de préférence la diviſion

en dix , que l'on appelle *division décimale* ; parce qu'étant conforme à notre échelle arithmétique , elle facilite & simplifie de beaucoup les calculs , ainsi qu'on le verra dans la suite. Cette division a été adoptée par la même raison pour toutes les autres espèces de mesures, au lieu que dans l'ancien système, chaque fois que l'on changeoit de mesure, on avoit presque toujours un nouveau mode de division , & même telle mesure changeoit de mode, en passant d'une sousdivision à l'autre. Ainsi la toise étoit divisée d'abord en six pieds , puis chaque pied en douze pouces , &c. , ce qui occasionnoit dans les calculs des longueurs & des difficultés qui n'auront plus lieu, d'après la manière dont les nouvelles mesures ont été divisées.

16. Parmi les divisions du quart du méridien, par lesquelles il a fallu passer pour arriver au mètre, il s'en trouve deux auxquelles on a cru devoir donner des noms particuliers : la première, en remontant au-dessus du mètre, est celle qui donne la dix-millième partie du quart du méridien , & qui est égale à mille

mètres. On lui a donné le nom de *millaire*, & on peut la regarder comme l'unité à laquelle se rapportent les mesures itinéraires qui servent aux voyageurs pour estimer la longueur de la route qu'ils ont à faire. Cette unité qui répond à peu-près à cinq cent treize toises de l'ancienne mesure, excède de treize toises le quart de la très-petite lieue, qui est de deux mille toises.

17. L'autre mesure est celle qui est égale à la centième partie du quart du méridien. Sa longueur est de cent mille mètres, & on l'a nommée *grade* ou *degré décimal du méridien (a)*. On pourra la considérer comme une grande mesure géographique, destinée à déterminer les distances entre des lieux très-éloignés les uns des autres.

18. Nous joignons ici le tableau des divisions & sousdivisions du quart du méridien, & de leurs rapports, soit avec cette grande unité dont elles dérivent toutes, soit

______

(a) On verra dans un instant la raison de cette dénomination.

avec le mètre, qui eſt l'unité à laquelle on les compare dans l'uſage ordinaire.

NOMBRES des diviſions du quart du Méridien.	RAPPORTS avec le quart du Méridien.	RAPPORTS avec le Mètre.	NOMS des Meſures.
0	. . . . 1	$10000000.$	QUART DU MÉRIDIEN, ou *unité priſe dans la nature*
1	. . . . $\frac{1}{10}$	. $1000000.$	
2	. . . $\frac{1}{100}$ . . .	. . $100000.$	GRADE, ou DEGRÉ décimal du Méridien.
3	. . . $\frac{1}{1000}$ . . .	. . . $10000.$	
4	. . $\frac{1}{10000}$ . .	. . . . $1000.$	MILLAIRE.
5	. . $\frac{1}{100000}$.	. . . . $100.$	
6	. . $\frac{1}{1000000}$ . .	. . . . $10.$	
7	. . $\frac{1}{10000000}$ . .	. . . . . $1.$	MÈTRE, ou *unité des Meſures uſuelles.*
8	. . $\frac{1}{100000000}$.	. . . . . $\frac{1}{10}.$	DÉCIMÈTRE.
9	. . $\frac{1}{1000000000}$	. . . . . $\frac{1}{100}.$	CENTIMÈTRE.
10	. $\frac{1}{10000000000}$.	. . . . . $\frac{1}{1000}$	MILLIMÈTRE.

Nouvelle diviſion de la circonférence du Cercle.

19. Tout le monde connoît les quarts de cercle dont les aſtronomes, les arpenteurs, &c.

fe fervent pour leurs opérations. Ces quarts de cercle étoient divifés, jufqu'à préfent, en quatre-vingt-dix degrés, ce qui faifoit trois cent foixante degrés pour la divifion du cercle entier. Chaque degré étoit foudivifé en foixante minutes, & chaque minute en foixante fecondes. Mais il devenoit néceffaire de conformer la divifion du quart de cercle des aftronomes à celle du quart du méridien ; & en conféquence, on a d'abord divifé le quart de cercle en parties toujours dix fois plus petites, & enfuite on a pris les divifions de deux en deux, pour en faire les degrés, les minutes & les fecondes. De cette manière le quart de cercle renferme cent degrés, le degré renferme cent minutes, & la minute cent fecondes. On voit à préfent pourquoi l'on a donné à la centième partie du quart du méridien, le nom de *degré décimal du méridien.*

Moyen de vérifier ou de trouver le Mètre.

20. Lorfqu'on voudra dans la fuite vérifier l'étalon du mètre, ou même le retrouver, fi jamais il venoit à fe perdre, on n'aura

plus befoin pour cela de recommencer les opérations relatives à la mefure du quart du méridien ; on y parviendra au moyen d'une expérience fimple & facile, faite fur le pendule *(a)*, à peu-près à la moitié de la diftance entre l'équateur & le pôle. Il fuffira de chercher quelle longueur doit avoir ce pendule, pour faire dans l'efpace d'un jour un nombre de balancemens ou d'ofcillations qui fera connù d'avance, & cette longueur donnera celle du mètre.

Nouvelle divifion du jour.

21. On a étendu auffi la divifion par dix à la durée du jour, & au lieu que cette durée jufqu'à préfent avoit été partagée en 24 heures, chaque heure en 60 minutes, & chaque minute en 60 fecondes, on l'a divifée, d'un minuit à l'autre, d'abord en dix heures ; & prenant enfuite les autres parties décimales

---

(a) Les phyficiens appellent *pendule* un corps fufpendu de manière à pouvoir fe balancer, en allant & venant, comme on le voit dans les horloges qui portent elles-mêmes le nom de *pendule*. On fait que le pendule fe balance avec plus ou moins de viteffe, fuivant que fa verge eft plus courte ou plus longue.

de

de deux en deux, on a sousdivisé chaque heure en cent minutes, & chaque minute en cent secondes, ce qui donne cent mille secondes pour la durée du jour, au lieu de quatre-vingt-six mille quatre cents; & telle est la division qui a lieu dans le calendrier républicain décrété par la Convention nationale. La nouvelle seconde sera ainsi à peu-près les six septièmes de l'ancienne, & le pendule des horloges à secondes, qui avoit environ trois pieds huit lignes & demie de longueur, se trouvera nécessairement raccourci, puisqu'il faudra qu'il batte des secondes qui seront elles - mêmes plus courtes. Sa longueur sera de vingt-sept pouces & près de cinq lignes, ce qui rendra les horloges plus commodes & plus portatives.

Description de l'étalon du Mètre & des principales Mesures usuelles de longueur.

22. Après avoir fixé la longueur du mètre, à l'aide de la physique & de la géométrie, on a construit son étalon, qui servira à régler l'exécution de tous les mètres dont on fera usage dans toute l'étendue de la République.

De même que l'on avoit tracé fur le pied des divifions accompagnées de chiffres pour indiquer les parties fractionnaires de cette mefure, on a divifé & chiffré l'étalon du mètre, d'après la combinaifon qui a paru la plus avantageufe pour interpréter cette efpèce d'écriture. Dans cette vue, on a difpofé les lignes de divifion & les chiffres comme fur la fig. 1, pl. I, qui repréfente feulement les trois premiers décimètres. Le lecteur fuppléera le refte par la penfée. On voit que les lignes qui défignent les décimètres, s'étendent fur toute la largeur du mètre ; que celles qui répondent aux centimètres, fe terminent à une certaine diftance du bord, & que celles qui donnent les millimètres, font encore plus courtes, ce qui rend les trois ordres de divifion faciles à diftinguer. Les décimètres font marqués en gros chiffres, depuis 1 jufqu'à 10. Les centimètres, au lieu d'être marqués depuis 1 jufqu'à 100, le font par dixaines, en chiffres plus petits ; en forte que la fuite des dix caractères 0, 1, 2, 3, 4, 5, 6, 7, 8, 9, fe répète continûment dans cet ordre de divifions.

Quant aux millimètres, on les a laiffés fans

Fig. 1.

Decimetre de grandeur naturelle.

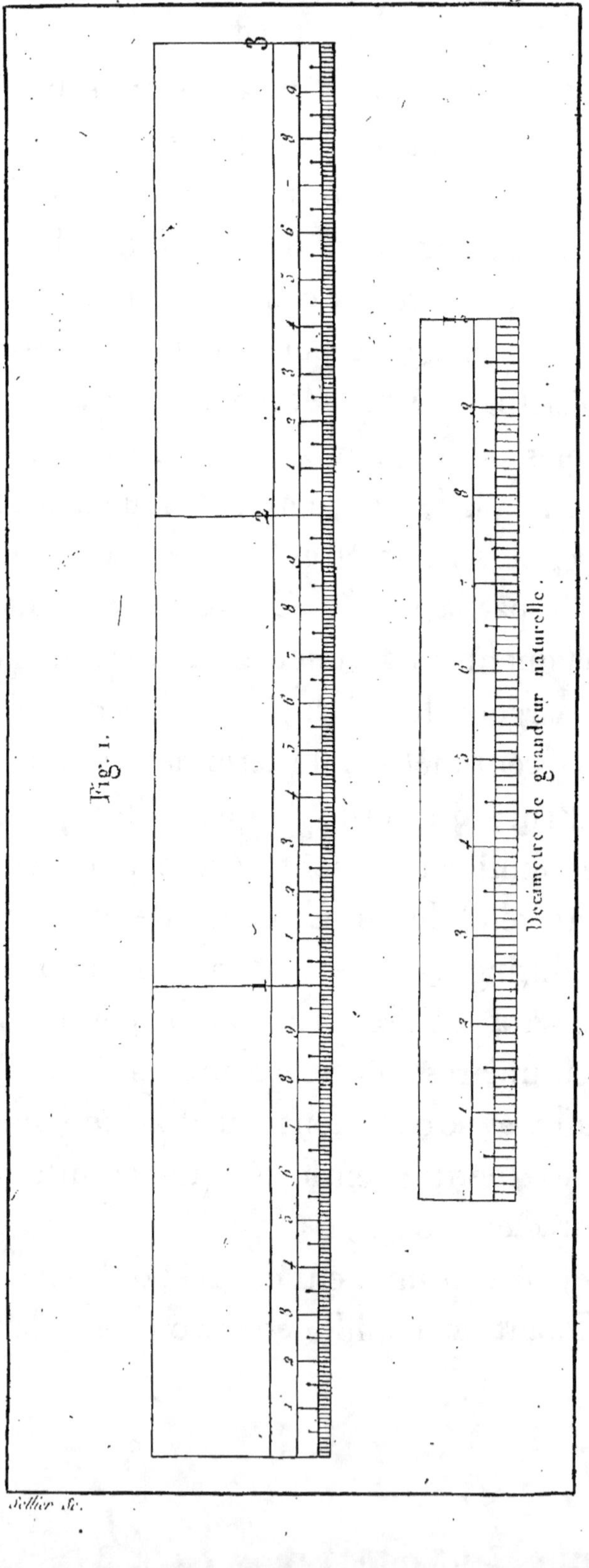

Sellier Sc.

chiffres ; seulement on a donné à la ligne du cinquième millimètre de chaque dixaine, une saillie au-dessus des autres lignes, pour aider à se reconnoître, au défaut de chiffres.

D'après cette disposition, l'instrument offre comme de lui même les nombres qui expriment les sousdivisions du mètre, par lesquelles on a passé, en mesurant une longueur affectée de restes fractionnaires. Supposons cette longueur égale à sept mètres, deux décimètres, trois centimètres & quatre millimètres. Parmi les chiffres 7, 2, 3, 4 qui appartiennent à ce résultat, on n'a besoin que de se rappeler le premier ; on trouve le second & le troisième écrits sur la partie de l'instrument qui a servi à mesurer les petites longueurs correspondantes, & il est bien aisé de suppléer le chiffre 4 qui indique le nombre des millimètres.

Les mêmes chiffres peuvent également servir à exprimer uniquement en millimètres les sousdivisions du mètre qui font partie du résultat. Ainsi, dans l'exemple que nous venons de citer, on trouveroit tout d'un coup que le résultat est 7 mètres, 234 millimètres, en appliquant les trois chiffres indiqués par l'inſtrument à la plus petite des ſousdiviſions du mètre.

23. On auroit pu à la rigueur ſe contenter du mètre pour toutes les opérations qui exigent l'emploi des meſures linéaires, puiſqu'on trouvera toujours dans le mètre & ſes ſousdiviſions, un moyen de meſurer une longueur avec une exactitude ſuffiſante ; mais comme dans l'ancienne méthode de meſurer, on avoit imaginé différentes eſpèces de meſures uſuelles, pour faciliter ou abréger les opérations, on a penſé qu'il convenoit d'introduire auſſi dans le nouveau ſyſtème, diverſes meſures qui répondiſſent aux précédentes, & puſſent les remplacer pour l'uſage ordinaire.

24. A l'égard de l'aune qui étoit deſtinée principalement à meſurer les étoffes, il étoit d'autant plus naturel de choiſir le mètre lui-même pour en tenir lieu, qu'il eſt ſeulement plus court d'environ ſept pouces que l'aune telle qu'on l'emploie à Paris, & qu'il ſe rapproche encore davantage de l'aune adoptée dans les pays étrangers, avec leſquels la

France a des rapports de commerce. Les mètres appliqués à cet uſage ſont d'une forme carrée, comme celle de l'aune, & leurs diviſions qui ne s'étendent que juſqu'aux centimètres, ſont indiqüées par de ſimples traits marqués ſur le bois & garnis de clous, comme cela ſe pratiquoit encore à l'égard de l'aune.

25. Pour remplacer la toiſe, on a choiſi le double mètre qui n'a pas deux pouces de plus en longueur; ſur quoi il faut bien faire attention que le double mètre n'eſt employé que pour meſurer plus commodément & d'une manière plus expéditive une grande longueur; de ſorte qu'en l'appliquant ſucceſſivement ſur les différentes parties de cette longueur, on doit compter par les nombres 2, 4, 6, 8, &c. en regardant chaque application du double mètre comme l'équivalent de deux applications ſucceſſives d'un mètre unique.

26. Enfin pour ſuppléer au pied, & avoir auſſi une meſure de poche que l'on pût toujours porter ſur ſoi & employer au beſoin, on a exécuté une meſure égale à 25 centi-

mètres, & que l'on a fousdivifée en millimètres. Le principal ufage de cette mefure
eft de déterminer de petites longueurs inférieures à celles du mètre, quoiqu'il foit facile,
avec un peu d'habitude, de l'employer auffi
au défaut du mètre lui-même. On pourra,
fi l'on veut, appeler) cette mefure *quart de
mètre*, en n'employant ce mot que comme
une expreffion abrégée, pour défigner une
longueur de 25 centimètres. On a remarqué
que cette longueur fe rencontroit, par une
forte de hafard, avec la longueur la plus
ordinaire du pied de l'homme, qui eft à peu-
près de neuf pouces.

27. La manière de tracer les divifions
& leurs chiffres fur le quart de mètre eft
femblable à celle qui a lieu pour le mètre.
Ainfi l'artifte qui divife cette mefure, opère
comme s'il eût commencé à divifer un mètre
entier, & fe fût arrêté tout-à-coup après deux
décimètres & demi; & cette divifion fraction-
naire, qui femble d'abord une imperfection,
avertit au contraire celui qui emploie la
mefure, d'une chofe qu'on veut lui apprendre,

favoir que cette mefure n'entre point dans l'ordre du fyftème, qu'elle n'eft point une des foudivifions du mètre, mais un fimple fragment de mètre, deftiné pour l'ufage de tous les momens, & dont on a féparé le refte du mètre, qui deviendroit alors fuperflu & incommode.

28. Rapports entre les nouvelles mefures de longueur & les anciennes.

Le mètre comparé au pied vaut à peu-près . . . . 3^P 0^P 11^l $\frac{44}{100}$.

Le double mètre comparé à la toife . . . . 6^P 1^P 10^l $\frac{22}{25}$.

Le mètre comparé à l'aune de Paris, de 3^P 7^P 10^l $\frac{5}{6}$ . . . . $\frac{101}{120}$ aunes ou $\frac{5}{6}$ aunes & quelque chofe.

Le quart de mètre comparé au pied . . . . 9^P 2^l $\frac{6}{7}$.

Le décimètre . . . . 3^P $8^{l'}$ $\frac{11}{32}$.

Le centimètre . . . . 4^l $\frac{10}{23}$.

Le millimètre . . . . $\frac{4}{9}^l$.

II. DES MESURES AGRAIRES.

29. Les mefures agraires, ainfi que nous l'avons déjà dit (2), font celles qui fervent

à évaluer l'étendue des parties d'un terrain , comme un champ, une prairie, un bois, &c. Nous obferverons d'abord que ces mefures ne font qu'une dépendance des mefures de fuperficie (2), employées en général à mefurer toute étendue que l'on confidère fuivant deux dimenfions, dont l'une s'appelle longueur & l'autre largeur. Jufqu'à préfent l'unité ufuelle des mefures de fuperficie étoit tantôt la toife carrée, & tantôt le pied carré. A l'avenir, elle fera le mètre carré ; & ainfi lorfqu'on voudra mefurer l'étendue d'une terraffe , d'une cour, d'un mur , &c., on cherchera le nombre de mètres carrés renfermés dans cette étendue.

30. Remarquons encore, avant d'aller plus loin, que pour employer le mètre carré comme unité des mefures de fuperficie, l'opération fe réduit à mefurer, avec le mètre linéaire , les dimenfions de la furface que l'on veut évaluer, & que c'eft le calcul qui, d'après ces dimenfions, donne le nombre de mètres carrés que contient la furface.

31. Revenons maintenant aux mefures

agraires. On fait que l'unité de ces mefures qu'on employoit le plus ordinairement dans l'ancien fyftème, étoit l'arpent. On lui a fubftitué, dans le nouveau fyftème, un grand efpace carré, dont le côté eft de cent mètres, & qui renferme dix mille mètres carrés. On a donné à cette unité le nom d'*are*, dérivé d'un mot qui fignifie *labourer*. Son étendue eft à peu - près double de celle de l'arpent qu'elle remplace.

32. Pour avoir enfuite d'autres mefures ufuelles propres à concourir avec l'are à l'évaluation des terrains qui étant fousdivifés par cette unité de mefure, donneroient un refte, ou de ceux qui n'auroient que des dimenfions inférieures, on a foudivifé l'are en dix parties égales, dont chacune a été appelée *déciare*, & le déciare à fon tour en dix parties égales, dont chacune porte le nom de *centiare*. La furface du déciare eft égale à mille mètres carrés, & celle du centiare à cent mètres carrés.

33. Tableau des mesures agraires.

FIGURES des Mesures.	LONGUEUR des côtés, en Mètres linéaires.	NOMBRE des Mètres carrés.	NOMS des Mesures.
Carré....	100 MÈTRES en tout sens.............	10000....	ARE, ou *unité de Mesure agraire.*
Carré long....	100 MÈTRES dans un sens & 10 dans l'autre.	1000....	DÉCIARE.
Carré long *(a)*.	100 MÈTRES dans un sens & un dans l'autre.	100....	CENTIARE.

34. Il arrive souvent que les terrains dont on cherche l'étendue, en la comparant à celle de l'are, s'écartent de la simplicité & de la régularité qui conviennent aux mesures usuelles; mais la géométrie fournit des règles pour partager ces terrains en un certain nombre de triangles, dont on évalue la somme en ares, déciares, centiares, &c. & c'est en cela que consiste l'*arpentage.*

(a) Le centiare est aussi susceptible de prendre la figure d'un carré parfait, dont le côté seroit égal à dix mètres; mais celle que nous lui attribuons ici est adaptée à la méthode de calcul usitée dans l'arpentage.

III. DES MESURES DE CAPACITÉ.

35. APRÈS avoir choisi le mètre carré (29), pour y rapporter les mesures de superficie, il devenoit indispensable d'adopter le mètre cubique, comme unité des mesures de solidité, pour remplacer le pied cube & la toise cube (3), lorsqu'on auroit à mesurer des solides construits ou façonnés par certains arts, comme les parties d'un édifice , les pièces d'une charpente, &c. Nous ferons à ce sujet une remarque semblable à celle que nous avons déjà faite (30) à l'égard du mètre carré , savoir que dans l'évaluation des solidités, c'est encore le mètre linéaire qui est employé d'abord à mesurer les dimensions du corps sur lequel on opère. Le calcul fait connoître ensuite combien de fois la véritable unité, qui est le mètre cubique, est renfermée dans le volume de ce corps.

36. De même que les mesures agraires sont une dépendance des mesures de superficie, dont elles ne diffèrent que par la relation qu'elles ont avec les productions de la terre,

de même aussi les mesures de capacité dérivent des mesures de solidité, avec la seule différence qu'elles sont appropriées à certaines substances que la terre nous offre pareillement pour les besoins journaliers de la vie, & dont ces mesures servent à évaluer la quantité ou le volume.

37. Parmi ces différentes substances, les unes sont des liquides, tels que le vin, la bière, l'eau-de-vie, &c. Les autres sont des grains, tels que le blé, le seigle, l'orge, le riz, &c. Mais comme ce n'est toujours qu'une même manière d'opérer, qui consiste à transvaser la substance qu'on se propose de mesurer, on a pensé que pour mettre plus de simplicité & d'uniformité dans le nouveau système, il convenoit d'adopter pour les liquides & pour les grains, des mesures qui eussent les mêmes grandeurs & portassent les mêmes noms. Seulement on fera varier les formes, suivant que l'exigera la diversité des usages auxquels les mesures seront employées.

38. Nous avons vu (31) que l'are ou l'unité

des mefures agraires contenoit dix mille fois le mètre carré ou l'unité des mefures ufuelles de fuperficie, & nous avons expofé la raifon qui avoit engagé à étendre ainfi les limites de la mefure dont il s'agit. Au contraire, l'ufage que l'on fait des mefures de capacité pour les befoins journaliers, exigeoit que l'unité fût ici une mefure qui n'eût que de petites dimenfions. En conféquence, on a choifi pour cette unité la millième partie du mètre cubique.

39. Si l'on fuppofe que l'unité dont il s'agit ait elle-même la forme d'un cube, le côté de ce cube fera égal au décimètre, & par conféquent le corps prendra le nom de *décimètre cubique*. Mais comme la forme eft ici indifférente, pourvu que le contenu foit le même, tout vafe d'une forme quelconque, qui contiendroit précifément la même quantité de liquide ou de folide qu'un vafe dans lequel un décimètre cubique entreroit fans y laiffer de vide, fera cenfé repréfenter l'unité relative aux mefures ufuelles de capacité.

Cette unité portera le nom de *cadil*.

40. Figurons - nous maintenant d'autres mesures qui soient égales successivement à dix décimètres cubiques ou à dix cadils, à cent décimètres cubiques, &c. Dès le troisième terme de cette progression, nous arriverons à une mesure qui équivaudra au mètre cubique, & ce sera celle qui contiendroit mille cadils ou mille décimètres cubiques. Cette mesure porte le nom de *cade*, & on peut la considérer comme la mesure usuelle à laquelle se rapportent les grands approvisionnemens de liquides & de grains.

On voit par-là que la dénomination de *cadil* donnée à l'unité des mesures de capacité destinées pour les besoins du moment, est une espèce de diminutif du mot *cade*, qui exprime à son tour une unité d'un ordre supérieur, relative aux grandes fournitures, ce qui établit entre les deux noms un rapport assorti aux usages des mesures dont ils rappellent l'idée.

41. Entre le cade & le cadil, il y a deux mesures intermédiaires; savoir, le *décicade*, qui est la dixième partie du cade; & le *centicade*, qui en est la centième partie.

42. Tableau des mesures de capacité les plus ordinaires.

RAPPORTS avec le Décimètre cubique, ou le Cadil.	VALEURS en parties du Mètre cubique.	NOMS des Mesures.
1000	1	C A D E.
100	$\frac{1}{10}$	D É C I C A D E.
10	$\frac{1}{100}$	C E N T I C A D E.
1	$\frac{1}{1000}$	C A D I L, ou *unité usuelle des Mesures de capacité.*

43. En comparant le cadil d'une part & le centicade de l'autre, aux deux anciennes mesures usuelles avec lesquelles celles-ci ont le plus de rapport, & dont l'une servoit pour les liquides, & l'autre pour les grains, on trouve que le cadil contient à peu-près une pinte & un vingtième, mesure de Paris, & que le centicade contient environ seize livres de blé, tandis que le boisseau de Paris en contient vingt livres.

44. Rien n'empêchera qu'on ne fasse aussi

des doubles centicades, des triples centi-cades, &c. fuivant que l'exigeront les differens genres de commerce dans les divers pays. Mais en employant ces mefures, on ramènera toujours leurs capacités à celles des mefures plus petites dont elles feront des multiples, de manière à ne point s'écarter du principe général dont on eft parti pour régler la pro-greffion des nouvelles mefures.

On voit par ce qui précède, que la nature des fubftances à l'état de liquide ou de grains, fournit un moyen fimple, expéditif & affez précis pour l'ufage ordinaire, de mefurer un vafe, en y verfant, à plufieurs reprifes, la quantité de liquide ou de grains contenue dans une mefure ufuelle bien connue, telle que la pinte, jufqu'à ce que le premier vafe foit plein. On peut encore juger de la capacité d'un vafe, par le poids de la quantité de liquide ou de grains fuffifante pour le remplir. Mais lorfque les vafes font d'une grandeur confidérable, on fe fert d'un inftrument appelé *jauge*, pour comparer les capacités de ces vafes, qui font ordinairement des tonneaux, avec la capacité déjà connue d'un autre vafe de même figure.

IV.

IV. Des Poids.

45. Les poids qui font d'un usage encore plus fréquent dans le commerce, que les mesures de longueur & de capacité, étoient en même-temps la partie la plus vicieuse de l'ancien système. La division de la livre en quarterons, en onces, en gros, en grains, &c., étoit si mal assortie, que celui qui vouloit acheter, par exemple, deux gros d'une certaine marchandise, étoit souvent loin de savoir qu'il demandoit un soixante-quatrième de la livre. D'une autre part les formes des poids n'offroient rien qui pût aider l'œil à les reconnoître. Le marchand seul les distinguoit par la grande habitude qu'il avoit de les manier; mais la plupart des acheteurs eussent été bien embarrassés, dans certains cas, de faire eux-mêmes la pesée de ce qu'ils avoient demandé.

46. Pour étendre à cette même partie les avantages du nouveau système, il falloit d'abord déterminer d'une manière invariable l'unité de poids. On a fait dépendre cette détermination de celle des mesures de

Instruction abrégée.   C

capacité (3 5), & l'on eſt convenu de prendre pour l'unité de poids , celui de la quantité d'eau renfermée dans le cadil , après avoir mis cette eau dans un certain état dont nous allons parler.

47. La manière ordinaire d'évaluer le poids de la quantité dé liquide contenue dans un vaſe , conſiſte à peſer d'abord le vaſe ſeul, puis à le peſer de nouveau après l'avoir rempli de liquide , & la différence entre les deux peſées donne le poids du liquide. Mais ce moyen n'étant pas aſſez exact, on en a employé un autre qui eſt connu des Phyſiciens, & qui eſt ſuſceptible d'une grande préciſion. De plus , l'eau dont on s'eſt ſervi avoit été diſtillée, ou paſſée, comme l'on dit, à l'alambic, & on lui avoit fait prendre un degré déterminé de température qui eſt celui de la glace fondante , ou celui qui eſt indiqué par le point de zéro ſur le thermomètre ordinaire. Enfin on a ſuppoſé cette eau peſée dans le vide , c'eſt - à - dire, dans un eſpace entière- ment purgé d'air. Toutes ces conditions étoient néceſſaires pour avoir un point fixe de départ,

& pour être assuré de trouver toujours le même résultat, en répétant l'expérience.

Ainsi l'unité de poids est le poids d'une quantité d'eau distillée, égale à celle qui est contenue dans le cadil, mise au degré de la glace fondante, & pesée dans le vide. Ce poids vaut deux livres, cinq gros, quarante-neuf grains de l'ancien poids de marc.

48. On a donné à l'unité de poids le nom de *grave*, qui signifie un corps pesant. Sa dixième partie se nomme *décigrave*, sa centième partie *centigrave*, & sa millième partie *gravet*. Ces quatre espèces de poids suffisent pour les usages les plus communs. C'est la partie du système qui servira à remplacer l'ancienne livre avec ses sousdivisions en demi-livres, en quarterons, onces, demi-onces, gros & demi-gros.

49. Mais il étoit nécessaire d'avoir aussi des poids très-petits qui pussent tenir lieu des grains, des demi-grains & des quarts de grain, pour plusieurs genres d'opérations qui exigent beaucoup de précision, comme les essais de

C 2

(36)

l'or & de l'argent, la pefée du diamant, celle
de certains fels ou autres médicamens qui ne
doivent être adminiftrés qu'à petites dofes, &c.
En conféquence on a formé trois nouvelles
divifions du grave, au moyen defquelles le
gravet à fon tour fe trouve fousdivifé à l'imitation du grave. La première fousdivifion eft
le *décigravet*, égal à la dix millième partie du
grave ; la feconde le *centigravet*, ou le cent
millième du grave; & la troifième le *milligravet*,
ou le millionième du grave.

50. Et pour avoir de même au-deffus du
grave des poids dont on pût fe fervir pour
les grandes pefées, où l'on employoit autrefois
le quintal & le demi-quintal, on a regardé
le poids d'eau diftillée, qui répond au mètre
cubique, comme une nouvelle unité à laquelle
on a donné le nom de *bar*, dérivé d'un mot
qui fignifie corps pefant *(a)*. Le bar équivaut
à mille graves; fa dixième partie qui eft le

(a) L'étymologie du mot *grave* eft prife dans la
langue Latine, & celle du mot *bar* dérive de la langue
Grecque.

décibar, pèfe cent graves, & fa centième partie qui eft le *centibar*, pèfe dix graves.

51. Tableau du fyftème des nouveaux poids.

RAPPORTS avec le Décimètre cube d'eau diftillée.	RAPPORTS avec le Mètre cube d'eau diftillée.	NOMS des Poids.
1000	1	BAR ou MILLIER.
100	$\frac{1}{10}$	DÉCIBAR.
10	$\frac{1}{100}$	CENTIBAR.
1	$\frac{1}{1000}$	GRAVE.
$\frac{1}{10}$	$\frac{1}{10000}$	DÉCIGRAVE.
$\frac{1}{100}$	$\frac{1}{100000}$	CENTIGRAVE.
$\frac{1}{1000}$	$\frac{1}{1000000}$	GRAVET.
$\frac{1}{10000}$	$\frac{1}{10000000}$	DÉCIGRAVET.
$\frac{1}{100000}$	$\frac{1}{100000000}$	CENTIGRAVET.
$\frac{1}{1000000}$	$\frac{1}{1000000000}$	MILLIGRAVET.

52. Mais il falloit que l'ufage de ces poids, fur-tout de ceux que l'on emploie journelle-ment, comme le grave & fes fousdivifions, fût afforti à la diverfité des pefées : en forte

que l'on pût former par leur moyen toutes les combinaifons poffibles. Or pour parvenir à ce but, en ne fe fervant que de ces mêmes poids, on eût été obligé de multiplier chacun d'eux, ce qui eût entraîné beaucoup de longueurs & de difficultés dans les pefées. On a paré à ces inconvéniens, en formant des poids intermédiaires, à l'aide defquels on pût opérer d'une manière plus commode, plus expéditive, & toujours conforme à la divifion par dix, qui fert de bafe au fyftème.

53. Pour remplir ce double objet, on a formé d'abord trois rangées de poids relatifs aux trois premières foufdivifions du grave. Sur la première rangée fe trouvent un poids de cinq décigraves, placé en tête, & enfuite quatre autres poids, chacun d'un décigrave; fur la feconde, d'abord un poids de cinq centigraves, puis quatre autres poids, chacun d'un centigrave; fur la troifième, d'abord un poids de cinq gravets, puis cinq autres poids, chacun d'un gravet.

Maintenant, fi l'on prend la fomme des poids de chaque rangée, en remontant, on

(39)

aura pour la dernière dix gravets qui valent un centigrave ; pour la seconde, neuf centigraves qui, avec le précédent, font un décigrave, & pour la première, neuf décigraves qui, joints au précédent, complètent le poids du grave.

54. Tous ces poids sont d'une forme arrondie, comme les pièces de monnoie, & ceux d'une même rangée ont des diamètres égaux ; en sorte que le premier ne diffère d'avec les quatre ou cinq suivans, que par une hauteur plus considérable. De plus, les poids qui appartiennent aux différentes rangées, ont des diamètres proportionnels à leurs différences ; & ainsi, en supposant tous ces poids disposés symétriquement sur différentes lignes, comme nous venons de l'expliquer, l'œil en saisit aisément les rapports, d'après celui de leurs hauteurs & de leurs diamètres, & se familiarise bientôt avec les dimensions propres à tel ou tel poids ; en sorte que quand il se présente ou seul ou mêlé avec les autres, il n'a aucune peine à le discerner, & à juger du rang qu'il occupe dans le système.

55. On a formé de même trois rangées de poids relatifs aux sousdivisions du gravet,

*

diftribués dans le même ordre; favoir, pour la première rangée un poids de cinq décigravets, & quatre décigravets féparés; pour la feconde un poids de cinq centigravets, & quatre centigravets féparés; & pour la troifième, un poids de cinq milligravets, & cinq milligravets féparés. Les trois fommes prifes de même en remontant, donnent d'abord dix milligravets, ou l'équivalent d'un centigravet, enfuite neuf centigravets qui avec le précédent font un décigravet, & enfin neuf décigravets qui, joints au précédent, complètent le poids du gravet.

56. On a établi auffi relativement à la partie du fyftème comprife depuis le grave jufqu'au bar, un mode de divifion qui, en ajoutant aux poids donnés immédiatement par le rapport décimal, d'autres poids intermédiaires, fût propre à faciliter les grandes pefées. En conféquence, on eft convenu, qu'outre le centibar ou le poids de dix graves, qui étoit déjà dans la férie, on feroit des poids de vingt graves, d'autres de cinq graves, & d'autres de deux graves. On pourra multiplier chacun de ces poids, pour fimplifier

(41)

les pesées; & l'assortiment qui a paru à cet
égard mériter la préférence, est celui qui
est composé de quatre poids de vingt graves,
de deux poids de dix graves, d'un de cinq
graves, d'un autre de deux graves, avec trois
poids d'un grave chacun; ce qui forme une
somme de cent dix graves.

57. Rapports entre les nouveaux poids &
les anciens.

	Livres.	Onces.	Gros.	Grains.
Bar	2044.	6	0	40.
Décibar	204.	7	0	4.
Poids de 20 Graves.	40.	14	1	44.
Centibar	20.	7	0	58.
Poids de 5 Graves.	10.	3	4	29.
Poids de 2 Graves.	4.	1	3	26.
Grave	2.	0	5	49.
Poids de 5 Décigraves.	1.	0	2	$60\frac{1}{2}$.
Décigrave		3	2	$12\frac{1}{10}$.
Poids de 5 Centigraves.		1	5	$6\frac{1}{20}$.
Centigrave			2	$44\frac{41}{100}$ ou $\frac{9}{22}$ grains à peu-près.
Poids de 5 Gravets			1	$22\frac{41}{200}$ ou $\frac{1}{5}$ gr.
Gravet				$18\frac{841}{1000}$ ou $\frac{16}{19}$ gr.
Poids de 5 Décigravets				$9\frac{841}{2000}$ ou $\frac{5}{12}$ gr.
Décigravet				$1\frac{8841}{10000}$ ou $\frac{8}{9}$ gr.

Poids de 5 Centigravets. . . . . . $\frac{18841}{20000}$ ou $\frac{49}{52}$ gr.

Centigravet. . . . . $\frac{18841}{100000}$ ou $\frac{10}{53}$ gr.

Poids de 5 Milligravets. . . . . $\frac{18841}{200000}$ ou $\frac{3}{32}$ gr.

Milligravet. . . . . $\frac{18841}{1000000}$ ou $\frac{1}{53}$ gr.

V. DES MONNOIES.

58. LA monnoie de compte, qui a pour unité la livre tournois, étoit divisée jusqu'à présent en sous, dont chacun valoit un vingtième de la livre, & en deniers ou en douzièmes de sou. Maintenant on la divisera en décimes qui feront des dixièmes de livre, & en centimes ou centièmes de livre.

59. On sait que les calculs qui s'appliquent aux monnoies, font sans comparaison ceux dont on fait le plus d'usage. Ils se mêlent presque par-tout dans les opérations relatives aux différentes mesures & aux poids, & ils y portoient la complication qui naît de la manière dont l'ancienne livre étoit sousdivisée. Le rapport décimal substitué à cette division mal assortie, fera un présent fait au commerce, qui lui devra une double économie de temps & de travail.

SECONDE PARTIE.

CALCUL relatif à la division décimale des Mesures déduites de la grandeur de la Terre.

NOTIONS PRÉLIMINAIRES.

60. NOUS avons vu (15) que l'on avoit choisi le rapport de dix à un, qu'on appelle *rapport décimal*, pour diviser & sous-diviser les nouvelles mesures. La raison qui a décidé de la préférence en faveur de ce rapport, c'est que, par ce moyen, tous les calculs qui auront pour objet les opérations sur les nouvelles mesures, vont devenir extrêmement simples & faciles. On avoit, dans l'ancienne méthode, des réductions continuelles à faire de deniers en sous & en livres tournois; de lignes & de pouces en pieds ou en toises ; de grains, de gros & d'onces en livres poids de marc; & lorsque l'on visoit à la précision, on avoit en outre des

demies, des tiers, des quarts & d'autres fractions semblables à calculer de différentes manières. Tout cela rendoit l'étude & la pratique des opérations sur les nombres que l'on appeloit complèxes, aussi longues que pénibles.

61. Mais au moyen du rapport décimal il n'y aura plus de fractions, ou du moins ce sera la même chose que s'il n'y en avoit pas, puisqu'à l'aide d'une légère attention, qui ne coûtera presque rien, on les calculera comme les nombres entiers, & que toutes les opérations se réduiront à celles qui ne supposent que la connoissance de ce qu'on appelle communément les quatre premières règles de l'arithmétique.

Par une suite nécessaire, il n'y aura aucune différence entre les opérations relatives aux diverses unités de mesure & de poids. Celui qui saura calculer des mètres, saura en même temps calculer des graves, des livres, & tout ce qu'il voudra, même en supposant qu'on fasse entrer dans le calcul des divisions extrêmement petites du mètre, du grave, de la livre, &c. Tous ces avantages vont devenir senfibles par l'expofition des principes du nouveau calcul.

I. DE LA MANIÈRE D'EXPRIMER EN CHIFFRES LES RÉSULTATS DES OPÉRATIONS SUR LES NOUVELLES MESURES.

62. SUPPOSONS qu'ayant mefuré une longueur, à l'aide du mètre, vous l'ayez trouvée égale à vingt-fix mètres. Pour coucher cette fomme en chiffres, & indiquer en même temps qu'elle exprime des mètres, vous écririez $26^{mt.}$, comme pour repréfenter, par exemple, vingt-fix pieds, ou vingt-fix livres tournois, au moyen des chiffres, vous écriviez 26^{p} ou 26^{tt}.

Dans cette fomme, le premier chiffre à gauche vaut deux dixaines; le fecond vaut fix unités, & vous favez que toute l'arithmétique eft fondée fur ce principe, que l'unité de chaque chiffre vaut dix fois l'unité du chiffre qui le fuit, en allant de gauche à droite, ou ce qui revient au même, que l'unité de chaque chiffre eft dix fois plus petite que l'unité du chiffre qui le précède vers la gauche.

63. Suppofons maintenant que la longueur mefurée eût quelque chofe de plus que vingt-fix mètres, en forte qu'elle fût égale à vingt-fix mètres, plus quatre décimètres, trois centimètres & cinq millimètres,

Si vous vous rappelez (13) qu'un mètre vaut dix décimètres, un décimètre dix centimètres, & un centimètre dix millimètres, vous pourrez écrire ainfi le nombre dont il s'agit, 26435, en regardant les unités des trois derniers chiffres comme décroiffantes, de gauche à droite, dans le même rapport que celles des deux premiers, c'eft-à-dire comme étant toujours dix fois plus petites. De cette manière, en partant de la gauche, & en nommant fucceffivement toutes les unités, conformément à leurs valeurs, vous aurez cette fuite d'expreffions, *dixaine de mètre, unité de mètre, décimètre ou dixième de mètre, centimètre ou dixième de décimètre, millimètre ou dixième de centimètre.*

Si vous voulez repréfenter en chiffres cette autre longueur, cent vingt-trois mètres, deux décimètres, quatre centimètres, fix millimètres, vous écrirez 123246.

64. Il vous fera également facile d'énoncer par le difcours un nombre de mètres & de parties décimales du mètre déjà couché en chiffres, par exemple celui-ci, 51359, c'eft-à-dire cinquante-un mètres, trois décimètres, cinq centimètres, neuf millimètres.

65. Vous voyez que pour exprimer en chiffres une fomme quelconque, compofée de mètres & de parties du mètre, il ne s'agit que d'écrire d'abord le nombre des mètres entiers, en mettant au-deffus du dernier chiffre le mot *mètre* en abregé, & d'ajouter à la fuite les autres chiffres, dont le premier indique le nombre des décimètres, le fecond celui des centimètres, & le troifième celui des millimètres.

Ce fera la même chofe s'il s'agit de toute autre efpèce de mefure. Par exemple, pour coucher en chiffres trente-cinq graves, trois décigraves, deux centigraves, cinq gravets, vous écrirez 35325, en défignant toujours le chiffre qui a rapport à l'unité de mefure par l'abregé du nom de cette unité.

Pour repréfenter deux cent vingt-quatre

livres, fept décimes, neuf centimes, vous
mettrez 22479^{lv.}

66. Et de même que quand vous aviez
mefuré avec le pied une longueur de neuf
pieds & dix lignes, par exemple, vous indi-
quiez par un zéro qu'il n'y avoit point de
pouces, en écrivant 9^p. 0^p. 10^l ; de même
auffi, lorfque vous aurez à écrire une fomme
relative aux nouvelles mefures, dans laquelle
il manquera quelqu'une des divifions décimales de l'unité, vous mettrez un zéro à la
place. Par exemple, pour coucher en chiffres
fix mètres & deux centimètres, vous écrirez
6$^{mt.}$02, & en lifant cette expreffion, vous direz
fix mètres, zéro décimètre, deux centimètres.

67. Vous favez de plus que, dans l'ancien
fyftème, lorfqu'on vifoit à une grande précifion, on avoit des fractions qu'on exprimoit en
demies, en tiers, &c., & que l'on rapportoit
à la dernière des divifions de l'unité qui avoient
des noms particuliers. Par exemple, dans les
comptes, on avoit quelquefois des réfultats
qu'on exprimoit ainfi, 23^{tt} 5^f 3^d $\frac{2}{3}$,
c'eft-à-dire,

(49)

c'eft-à-dire, vingt-trois livres cinq fous trois deniers & deux tiers de denier.

De même, lorfque dans une opération relative au nouveau fyftème , vous aurez des divifions de l'unité plus petites que celles qui auront des noms, vous les défignerez facilement, en confidérant qu'elles exprimeront toujours des dixièmes de l'unité du chiffre précédent. Ainfi ce nombre $2\,1\,3\,4\,5$ s'énonce ainfi : *vingt - une livres, trois décimes, quatre centimes & cinq dixièmes de centime.* Cet autre $92\,1\,3\,7$ s'énonce ainfi : *neuf mètres, deux décimètres, un centimètre, trois millimètres & fept dixièmes de millimètres ;* ou plus fimplement *neuf mètres, deux décimètres, un centimètre, trois, millimètres fept dixièmes.*

68. Remarquez encore que vous pouvez énoncer de plufieurs manières un nombre compofé d'unités de mefure & de parties décimales de cette unité. Par exemple, celui-ci, 5247 ; car vous êtes libre de dire *cinq mètres, deux décimètres, quatre centimètres, fept millimètres, ou bien, cinq mètres, deux cent quarante-*

Inftruction abrégée.   D

sept millimètres ; ou même, *cinq mille deux cent quarante-sept millimètres.*

69. Dans certaines opérations de l'arithmé-tique, on faisoit des additions, des souftrac-tions, &c. de nombres dans lesquels, outre l'unité principale, il y avoit des sousdivisions de cette unité décroissantes de dix en dix, qui étoient ajoutées aux unités principales, de la même manière, par exemple, que les décimes & les centimes font ajoutés aux unités de livre dans le nouveau système. Alors on dis-tinguoit l'unité principale de ses sousdivisions par une virgule intermédiaire. Ainsi, pour désigner deux unités, trois dixièmes & sept centièmes , on écrivoit 2,37 , dans lequel nombre on voit que la virgule tient lieu des mots indicateurs, tels que ^{mt}, ^{gv}, ^{lv}, dont nous nous servons pour indiquer les unités de nos espèces de mesures.

Nous emploîrons cette manière de séparer l'unité de ses sousdivisions, conjointement avec l'indicateur de cette unité. Ainsi, pour repré-senter trois livres , deux décimes & quatre centimes, nous écrirons à l'avenir 3,24 ^{lv}. Pour exprimer vingt mètres, fept décimètres, huit centimètres, nous écrirons 20,78, & ainfi des autres. Il en réfultera cet avantage, que quand nous aurons à écrire l'une au-deffous de l'autre plufieurs fommes compofées d'unités d'une même mefure, & de parties de ces unités, nous n'emploîrons qu'une fois le mot indicateur de l'unité, favoir dans la première fomme, & dans toutes les autres nous ne mettrons que la virgule.

EXEMPLE.

$$8\overset{\text{lv.}}{3},56$$
$$9,34$$
$$12,07.$$

Ici le mot *livre* eft fous-entendu aux chiffres 9 & 2, qui précèdent la virgule, dans les deux fommes inférieures.

70. Et lorfque dans un nombre pris féparément, nous fupprimerons le mot indicateur, en ne laiffant que la virgule, ce qui aura lieu pour certaines opérations, telles que la multiplication, le nombre fera cenfé convenir à toutes fortes d'unités, ainfi que cela eft d'ufage dans l'arithmétique.

D 2

71. Comme les chiffres qui fuivent la virgule expriment des parties décimales de l'unité, on a donné à ces chiffres le nom de *décimales*, & l'on dit *première*, *feconde*, *troifième*, *&c. décimale*, pour défigner le premier, le fecond, le troifième chiffre, &c. après la virgule.

Voilà tout ce qu'il faut favoir pour être en état de faire toutes les additions, fouftractions, multiplications & divifions relatives aux nouvelles mefures & à leurs parties décimales. La feule différence entre ces opérations & celles de l'arithmétique ordinaire, confifte dans la manière de placer à propos la virgule & l'indication de l'unité principale; & cela eft fi facile, que fouvent en faifant une opération avec l'attention convenable, on pourroit deviner de foi-même à quel endroit l'une & l'autre doivent être mifes, fans qu'il fût befoin d'une règle pour le dire.

72. Avant d'expofer la méthode dont il s'agit, nous donnerons ici la table des abréviations des noms de mefures & de poids, qui pourront fervir à indiquer, lorfqu'il

(53)

fera nécessaire, l'espèce d'unité relative aux nombres qu'elles accompagneront.

Mesures linéaires.

Millaire...................... ml.

Mètre........................ mt.

Décimètre.................... d.mt.

Centimètre................... c.mt.

Millimètre................... m.mt.

Mesures de superficie.

Mètre quarré................. mt.q. *(a)*

Are.......................... ar.

Déciare...................... d.ar.

Centiare..................... c.ar.

Mesures de solidité.

Mètre cubique................ mt.c.

Cade......................... cd.

Décicade..................... d.cd.

(a) Nous nous conformons ici à l'ancien usage, qui étoit d'écrire *quarré* au lieu de *carré*, en ramenant l'orthographe de ce nom à son étymologie, qui est le mot latin *quadratum*, afin de n'avoir qu'une seule lettre à employer pour chacun des signes distinctifs du carré & du cube.

D 3

Centicade............... e.cd.
Cadil................... cl.
Décicadil............... d.cl.
Centicadil.............. c.cl.
Millicadil.............. m.cl.

Poids.

Bar *ou* Millier............ br. *ou* mlr.
Décibar.................. d.br.
Centibar................. c.br.
Grave................... gv.
Décigrave............... d.gv.
Centigrave.............. c.gv.
Gravet.................. gvt.
Décigravet.............. d.gvt.
Centigravet............. c.gvt.
Milligravet............. m.gvt.

Monnoies.

Livre................... lv.
Décime.................. dm.
Centime................. cm.

II. DE L'ADDITION.

73. Nous commencerons par citer un exemple tiré de l'ancien fyftème, pour vous rappeler ce que vous faifiez jufqu'à préfent, & vous mettre ainfi à portée de mieux juger par comparaifon, combien fera plus fimple & plus facile ce que vous aurez déformais à faire.

Ayant reçu cinq fommes différentes, compofées de livres, fous & deniers, vous vous propofiez d'en former le total, & pour cela vous aviez à ajouter enfemble,

23 livres 18 fous	9 deniers, ou	23^{tt}	18^{f}	9^{d}
9 livres 7 fous	6 deniers, ou	9	7	6
12 livres 11 fous	3 deniers, ou	12	11	3
6 livres 15 fous	9 deniers, ou	6	15	9
& 22 livres 4 fous	6 deniers, ou	22	4	6

Total...... 74^{tt} 17^{f} 9^{d}.

Vous commenciez par prendre la fomme des deniers, & pour cela vous comptiez fucceffivement & par parties, le nombre de fous contenu dans cette fomme. Ce nombre eft ici de 2 fous avec un excédant de 9 deniers.

D 4

Vous posiez 9 sous la colonne des deniers, & vous reteniez 2 que vous portiez à la colonne des unités de sous, ce qui vous donnoit pour cette colonne 27 sous. Vous posiez 7 sous cette même colonne, & vous reteniez 2 dixaines de sous que vous portiez à la colonne précédente, ce qui faisoit en tout 5 dixaines de sous. Vous preniez la moitié de 5 qui est 2 , avec une dixaine de reste. Vous posiez 1 sous la colonne des dixaines de sous, & vous reteniez 2 que vous portiez à la colonne des unités de livre, après quoi vous poursuiviez l'opération à l'ordinaire.

La difficulté étoit encore plus grande lorsqu'il s'agissoit d'additionner d'autres quantités, telles que des livres poids de marc, avec des sousdivisions de la livre en 16 onces, de l'once en 8 gros, du gros en 72 grains, & quelquefois du grain en demies, en quarts, &c. Une seule addition étoit ainsi composée de plusieurs opérations différentes, dont chacune avoit sa difficulté particulière.

74. A l'aide du nouveau système, les additions de toutes les espèces de mesures

fe réduifent à la pratique fort aifée de la règle fuivante.

Règle.

Écrivez les fommes à ajouter les unes au-deffous des autres, en mettant toutes les virgules fur une même colonne, & dans le total, placez la virgule au même rang où elle eft déjà dans les nombres fupérieurs.

Exemples d'Addition.

Addition des Livres, Décimes & Centimes.

75. *Exemple.* On propofe d'ajouter

				lv.
34 livres,	9 décimes,	4 centimes,	ou	34,94
8 livres,	5 décimes,	3 centimes,	ou	8,53
15 livres,	3 décimes,	1 centime,	ou	15,31
13 livres,	4 décimes,	2 centimes,	ou	13,42
32 livres,	3 décimes,	4 centimes,	ou	32,34

Total . . . . lv. 104,54.

Remarque.

76. Il peut y avoir des places vides entre les fommes, lorfque l'une de ces fommes a moins de décimales que l'autre. Dans ce cas, on paffe les vides, en faifant l'addition,

comme on passe les zéros dans l'arithmétique ordinaire.

Exemple. On veut ajouter $25,78^{\text{lv.}}$
7,6
14,3
9,25

Total............ $56,93^{\text{lv.}}$

77. *Autre exemple.* On propose

d'ajouter................ $3,045^{\text{lv.}}$
15,4
0,67
14,3

Total...... $33,415^{\text{lv.}}$

Addition des mesures de longueur pour le commerce des étoffes.

78. *Exemple.* On demande la longueur totale de quatre pièces d'étoffe:

La 1.re de 25^{mt.} 3^{d.mt.} 5^{c.mt.}, ou 25,35^{mt.},
La 2.e de 13^{mt.} 7^{d.mt.} 8^{c.mt.}, ou 13,78,
La 3.e de 8^{mt.} 2^{d.mt.} 6^{c.mt.}, ou 8,26,
La 4.e de 10^{mt.} 4^{d.mt.} 7^{c.mt.}, ou 10,47,

Total........ 57,86^{mt.}

79. *Autre exemple.* On suppose les longueurs,

$$
\begin{array}{ll}
\text{L'une de} \dots\dots & 9{,}03 \text{ mt.} \\
\text{La 2.}^{\text{e}} \text{ de} \dots\dots & 15{,}4 \\
\text{La 3.}^{\text{e}} \text{ de} \dots\dots & 27{,}12 \\
\text{La 4.}^{\text{e}} \text{ de} \dots\dots & 6{,}5 \\
\hline
\text{Total} \dots\dots\dots & 58{,}05 \text{ mt.}
\end{array}
$$

Addition des mesures de longueur pour les ouvrages de construction.

80. *Exemple.* Ayant mesuré cinq longueurs
différentes sur quelque partie de bâtiment,
ou ailleurs, on désire connoître la longueur
totale :

$$
\begin{array}{ll}
\text{La 1.}^{\text{re}} \text{ est de } 17^{\text{mt.}} \; 3^{\text{d.mt.}} \; 5^{\text{c.mt.}} \; 4^{\text{m.mt.}} \text{ ou } & 17{,}354 \text{ mt.} \\
\text{La 2.}^{\text{e}} \text{ de } 12^{\text{mt.}} \; 0^{\text{d.mt.}} \; 4^{\text{c.mt.}} \; 9^{\text{m.mt.}} \text{ ou } & 12{,}049 \\
\text{La 3.}^{\text{e}} \text{ de } 8^{\text{mt.}} \; 7^{\text{d.mt.}} \; 0^{\text{c.mt.}} \; 3^{\text{m.mt.}} \text{ ou } & 8{,}703 \\
\text{Le 4.}^{\text{e}} \text{ de } 2^{\text{mt.}} \; 4^{\text{d.mt.}} \; 1^{\text{c.mt.}} \; 7^{\text{m.mt.}} \text{ ou } & 2{,}417 \\
\text{Le 5.}^{\text{e}} \text{ de } 10^{\text{mt.}} \; 0^{\text{d.mt.}} \; 0^{\text{c.mt.}} \; 5^{\text{m.mt.}} \text{ ou } & 10{,}005 \\
\hline
& \text{Total} \dots\dots \; 50{,}528 \text{ mt.}
\end{array}
$$

81. *Autre exemple.* On propose

d'ajouter................ 3,02 mt.

                            0,4

                            6,056

                            0,2

                            0,03

Total........ 9,706. mt.

Addition des Poids.

82. *Exemple.* Ayant fait successivement quatre pesées, on désire connoître la totalité du poids :

La 1.re a donné 9$^{gv.}$ 6$^{d.gv.}$ 2$^{c.gv.}$ ou 9,62 gv.

La 2.e ...... 7$^{gv.}$ 4$^{d.gv.}$ 8$^{c.gv.}$ ou 7,48

La 3.e ...... 0$^{gv.}$ 2$^{d.gv.}$ 5$^{c.gv.}$ ou 0,25

La 4.e ...... 6$^{gv.}$ 0$^{d.gv.}$ 7$^{c.gv.}$ ou 6,07

Total...... 23,42 gv. *(a)*.

(a) Il n'est pas inutile d'observer que quand on emploie des poids de cinq graves, de cinq décigraves, &c. avec d'autres poids simples, ce que l'on doit toujours faire de manière à n'avoir dans la balance que le moindre nombre de poids possible (52), il faut de plus suivre

83. *Autre exemple.* On demande le poids total qui résulte de quatre petites pesées,

L'une de $0^{gv.}$ $1^{d.gv.}$ $3^{c.gv.}$ $4^{gvt.}$ $5^{d.gvt.}$ ... ou $0{,}1345^{gv.}$

La 2.ᵉ de $0^{gv.}$ $0^{d.gv.}$ $2^{c.gv.}$ $6^{gvt.}$ .... ou $0{,}026$

La 3.ᵉ de $0^{gv.}$ $1^{d.gv.}$ $3^{c.gv.}$ $4^{gvt.}$ $6^{d.gvt.}$ $9^{c.gvt.}$ ou $0{,}13469$

La 4.ᵉ de $0^{gv.}$ $0^{d.gv.}$ $0^{c.gv.}$ $7^{gvt.}$ $1^{d.gvt.}$ ... ou $0{,}0071$

Total...... $0{,}30229^{gv.}$

84. *Autre exemple.* On a pesé successive-

une certaine méthode, en retirant successivement ces poids, pour écrire le résultat de l'opération. Ainsi, après la première des quatre pesées dont il s'agit ici, on prendroit d'abord le poids de cinq graves qui se trouveroit dans la balance, puis les deux poids de deux graves chacun, en disant, 5 & 4 font 9, & l'on écriroit 9 suivi d'une virgule, parce que ce chiffre a rapport au grave, qui est l'unité de poids. On prendroit ensuite le poids de 5 décigraves, qui se trouveroit pareillement dans la balance, puis le poids d'un décigrave qui l'accompagneroit, en disant, 5 & 1 font 6, & l'on écriroit 6 après la virgule : il ne resteroit plus que deux centigraves séparés, que l'on indiqueroit par le chiffre 2 placé après le 6. On feroit de même pour les poids relatifs aux pesées suivantes : de cette manière le nombre qui exprime le résultat de chaque pesée se présente comme de lui-même.

ment cinq ballots de marchandife, pour en chercher le poids total.

Le 1.ᵉʳ pèfe 1ᵇʳ· 1ᵈ·ᵇʳ· 5ᶜ·ᵇʳ· 7ᵍᵛ⸴ ou 1,157 ᵇʳ·
Le 2.ᵉ ... 0ᵇʳ· 2ᵈ·ᵇʳ· 3ᶜ·ᵇʳ· 9ᵍᵛ· ou 0,239
Le 3.ᵉ ... 0ᵇʳ· 1ᵈ·ᵇʳ· 7ᶜ·ᵇʳ· 6ᵍᵛ· ou 0,176
Le 4.ᵉ ... 1ᵇʳ· 3ᵈ·ᵇʳ· 9ᶜ·ᵇʳ· ... ou 1,39
Le 5.ᵉ ... 0ᵇʳ· 2ᵈ·ᵇʳ· 0ᶜ·ᵇʳ· 5ᵍᵛ· ou 0,205.

Total .... 3,167 ᵇʳ·

Remarque.

85. Si l'on n'avoit à ajouter enfemble que des foufdivifions de l'unité principale, comme des décimètres, des centimètres, &c. lorfqu'il s'agit de mefures de longueur, on pourroit prendre pour unité la plus grande de ces foufdivifions, & y rapporter le réfultat de l'opération.

Exemple. On veut ajouter

3ᵈ·ᵐᵗ· 2ᶜ·ᵐᵗ· 5ᵐ·ᵐᵗ· ou 3,25 ᵈ·ᵐᵗ·,
4ᵈ·ᵐᵗ· 7ᶜ·ᵐᵗ· .... ou 4,7,
0ᵈ·ᵐᵗ· 8ᶜ·ᵐᵗ· 6ᵐ·ᵐᵗ· ou 0,86,
0ᵈ·ᵐᵗ· 0ᶜ·ᵐᵗ· 8ᵐ·ᵐᵗ· ou 0,08,

8,89 ᵈ·ᵐᵗ··

III. DE LA SOUSTRACTION.

86. La fouftraction des nombres compofés d'unités & de parties de l'unité avoit auffi fes difficultés dans l'ancien fyftème, fur-tout lorfque le nombre fupérieur étant plus petit que l'inférieur, dans quelqu'une des colonnes qui appartenoient aux fousdivifions de l'unité principale, il falloit emprunter une unité fur la colonne précédente. Cet emprunt exigeoit deux attentions, l'une pour réduire l'unité que l'on venoit d'emprunter en parties de la même efpèce que celle de la colonne fur laquelle on opéroit, l'autre pour ajouter le nombre de ces parties avec celui qui fe trouvoit déjà dans cette même colonne. Donnons auffi un exemple de cette manière d'opérer.

Vous aviez à fouftraire

de 375 liv. 7 fous 3 deniers, ou de 375^{tt} 7^{f} 3^{x}
143 liv. 18 fous 9 deniers, ou   143   18 9

Refte........ 231^{tt} 8^{f} 6^{d}.

Remarquant d'abord que de 3^{d} on ne peut retrancher 9^{d}, vous empruntiez fur les 7^{f} du nombre supérieur un fou que vous réduifiez en 12 deniers : ajoutant ces 12^d à 3^d, vous aviez 15^d dont vous ôtiez 9^d ; reftoit 6^d que vous écriviez fous la même colonne. Vous paffiez à la colonne des fous, & comme des 6^f qui reftoient au nombre fupérieur, vous ne pouviez non plus retrancher 18^f, vous empruntiez pareillement fur le 5 précédent une unité de livre, que vous réduifiez en 20^f, qui joints à 6^f faifoient 26^f : retranchant 18^f, vous aviez pour refte 8^f, que vous écriviez fous les unités de fou. Vous faifiez enfuite la fouftraction des livres à l'ordinaire.

87. A l'aide du nouveau fyftème, la difficulté qui provient des réductions n'a plus lieu, & les emprunts fe font comme pour les nombres entiers.

Règle.

Écrivez les deux nombres propofés l'un fous l'autre, de manière que les virgules fe répondent, & dans le nombre qui exprime le refte, mettez la virgule au même rang où elle eft déjà dans les deux nombres fupérieurs.

Cette

Cette règle, comme vous voyez, est la même que pour l'addition.

Exemples de Souftraction.

Souftraction des Livres, Décimes & Centimes.

88. *Exemple.* Vous avez reçu

$$26^{lv.}\ 8^{dm.}\ 4^{cm.}\ \tfrac{6}{10}\ \text{ou}\ 26\overset{lv.}{,}846$$

fur quoi vous devez $13^{lv.}\ 9^{dm.}\ 5^{cm.}\ \tfrac{8}{10}\ \text{ou}\ 13,958$

$$\text{Refte}\ldots\ldots\ldots\ 12\overset{lv.}{,}888.$$

Remarque.

89. Il peut arriver que l'un des deux nombres propofés ait moins de décimales que l'autre, par exemple, que l'on ait à retrancher $35\overset{lv.}{,}675$ de $97\overset{lv.}{,}3$; alors, pour éviter tout embarras, vous ajouterez des zéros à la fuite du nombre qui aura moins de décimales, jufqu'à ce qu'il en ait autant que l'autre. Dans le cas préfent, par exemple, vous ajouterez deux zéros à la fuite du fecond nombre qui deviendra $97\overset{lv.}{,}300$, ce qui ne change rien à fa valeur ; car l'expreffion $97\overset{lv.}{,}3$ s'énonce

Inftruction abrégée. E

aînſi ; 97 livres 3 décimes ; & pour énoncer 97,300, vous diriez 97 liv. 3 décimes,
zéro centime, zéro dixième de centime, par
où vous voyez que les zéros ajoutés ne font
rien à la valeur du nombre.

Vous aurez donc .... 97,300 $^{\text{lv.}}$
dont il faut retrancher 35,675

Reſte..... 61,625. $^{\text{lv.}}$

Souſtraction des meſures de longueur.

90. *Exemple.* Ayant meſuré deux longueurs
différentes, on veut ſavoir de combien l'une
diffère de l'autre :

La 1.re eſt de 37$^{\text{mt.}}$ 0$^{\text{d.mt.}}$ 3$^{\text{c.mt.}}$ 5$^{\text{m.mt.}}$ $\frac{6}{10}$ ou de 37,0356 $^{\text{mt.}}$
La 2.e eſt de 19$^{\text{mt.}}$ 3$^{\text{d.mt.}}$ 2$^{\text{c.mt.}}$ 4$^{\text{m.mt.}}$ $\frac{9}{10}$ ou de 19,3249

Différence ...... 17,7107. ^{mt}

Autre exemple. La première longueur

eſt de 5$^{\text{mt.}}$ 2$^{\text{d.mt.}}$ 9$^{\text{c.mt.}}$ 4$^{\text{m.mt.}}$ $\frac{3}{10}$ ou de 5,2943 $^{\text{mt.}}$
La 2.e de 0$^{\text{mt.}}$ 9$^{\text{d.mt.}}$ .... ou de 0,9000

Différence........ 4,3943. $^{\text{mt.}}$

Voyez (89).

Souſtraction des Poids.

91. *Exemple.* On a peſé un vaſe d'abord vide, & enſuite après l'avoir rempli de liquide. On déſire connoître le poids du liquide.

Le vaſe plein pèſe 2$^{gv.}$ 6$^{d.gv.}$ 9$^{c.gv.}$ 7$^{gvt.}$ ou 2,697$^{gv.}$;
Le vaſe vide peſoit 0$^{gv.}$ 7$^{d.gv.}$ 6$^{c.gv.}$ 2$^{gvt.}$ ou 0,762,

Différence ou poids du liquide . . . . 1,935$^{gv.}$.

92. *Autre exemple.* On veut avoir la différence

Entre 4^{bars} 3^{décibars} 0^{centibars} 9^{graves} ou 4,309$^{br.}$
& . . . . 2^{bars} 7^{décibars} 4^{centibars} 5^{graves} ou 2,745

Différence . . . . 1,564$^{br.}$.

93. *Autre exemple.* On a fait deux petites peſées, dans la vue de chercher de combien l'un des deux poids ſurpaſſe l'autre :

La première a donné

0$^{gv.}$ 6$^{d.gv.}$ 3$^{c.gv.}$ . . . . ou 0,630000$^{gv.}$
La 2.e 0$^{gv.}$ 5$^{d.gv.}$ 4$^{c.gv.}$ 0$^{gvt.}$ 7$^{d.gvt.}$ 6$^{c.gvt.}$ 2$^{m.gvt.}$ ou 0,540762

Différence . . . . 0,089238$^{gv.}$.

Voyez (89).

E 2

94. On auroit pu poſer ainſi l'opération précédente, en prenant le décigrave pour l'unité (85).

$$\begin{array}{l}
\text{d.gv.}\\
6,30000\\
5,40762\\
\hline
\end{array}$$

Différence . . . . . $\overset{\text{d.gv.}}{0},89238.$

IV. DE LA MULTIPLICATION.

95. Les avantages du nouveau ſyſtème, pour faciliter les calculs, déjà très-ſenſibles à l'égard des deux opérations précédentes, paroîtront encore plus clairement dans la multiplication, ſur-tout pour les cas où les deux nombres dont il falloit multiplier l'un par l'autre, étoient compoſés d'unités & de ſousdiviſions de l'unité. On faiſoit ces ſortes d'opérations par différentes méthodes, toutes plus difficiles ou plus longues les unes que les autres. Pour vous faire juger tout d'un coup de ce que vous gagnerez à opérer d'après la diviſion décimale des nouvelles meſures, ſuppoſons que l'on vous eût donné la queſtion ſuivante à réſoudre : combien coûteront 33 toiſes 6 pieds 4 pouces de maçonnerie, à

raifon de 37^{tt} 17^{f} 9^{d} la toife ? Ce qu'il y avoit ici d'embaraffant, c'étoient d'une part les pieds & les pouces, & de l'autre les fous & les deniers ; car fi la queftion fe fût réduite à chercher combien coûteroient 33 toifes à raifon de 37^{tt} par toife, vous n'auriez eu aucune peine à trouver la réponfe. Or c'eft précifément à ce dernier genre d'opérations que reviennent toutes les multiplications à faire fur les nouvelles mefures, quoique les unités auxquelles elles fe rapportent puiffent être fousdivifées en parties beaucoup plus petites que le denier, s'il s'agit de monnoies, ou que la ligne, s'il s'agit de mefures de longueur.

96. Avant d'aller plus loin, nous remarquerons que dans toute multiplication il y a trois nombres à confidérer, dont l'un s'appelle *multiplicande*, le fecond *multiplicateur* & le troifième *produit*. Comme ceux qui ont appris l'arithmétique ne faififfent pas toujours la différence entre le multiplicande & le multiplicateur, il eft à propos de vous la faire connoître. Suppofons que l'on demande combien coûtent 4 aunes d'étoffe à 3^{tt} l'aune ? La

E 3

véritable manière de réfoudre cette queftion eft de dire 4 fois 3^{tt} font 12^{tt}, d'où l'on conclud que les 4 aunes coûteront 12^{tt}. Prenons maintenant cette autre queftion ; combien en coûtera-t-il pour payer 4 citoyens, dont chacun doit recevoir 3^{tt} ? ou celle-ci, combien aura - t - on dépenfé en 4 jours, à raifon de 3^{tt} pour la dépenfe de chaque jour ? L'opération confiftera toujours à dire, 4 fois 3^{tt} font 12^{tt}.

Dans toutes ces queftions, le multiplicande eft 3^{tt}, le multiplicateur eft 4, & le produit eft 12^{tt}. Les unités du multiplicande font déterminées dans l'opération ; elles repréfentent des livres, & en conféquence le produit lui-même doit exprimer des livres. Mais le multiplicateur n'eft confidéré que comme un fimple nombre qui marque combien de fois on doit prendre le multiplicande, en forte qu'en exécutant la multiplication, on ne fait aucune attention à l'efpèce des unités du multiplicateur. Ainfi dans les trois exemples précédens, ces unités, telles que les préfente la queftion, font tantôt des aunes, tantôt des jours, & tantôt des hommes. Mais

(71)

il eſt indifférent qu'elles ſoient l'un ou l'autre, par rapport à l'opération, qui donne toujours le même produit 12^{tt}.

Vous voyez que pour diſtinguer le multiplicande du multiplicateur, lorſque dans la queſtion les unités de l'un & de l'autre auront des noms particuliers, il ſuffit de vous demander à vous-même quel eſt le nom qui convient aux unités de ce que vous cherchez, c'eſt-à-dire, ſi ces unités ſeront des livres tournois, ou des mètres, ou des graves, &c. Le multiplicande ſera celui des deux nombres dont les unités ont ce même nom. Dans cette queſtion, par exemple, combien coûtent 4 aunes, à 3^{tt} l'aune? on voit que le multiplicande eſt 3^{tt}, parce que le produit que l'on cherche doit exprimer des livres.

Au reſte, en poſant les deux nombres, on peut donner la place ſupérieure à celui que l'on voudra, parce que le produit ſera toujours le même; mais en mettant par-deſſous celui qui renferme le moins de chiffres, on a cet avantage, que l'opération en eſt plus ſimple, & nous ſuivrons cet uſage dans tous les exemples de multiplication que nous allons expoſer.

E 4

Multiplication d'un nombre composé d'unités & de parties décimales de ces unités par un nombre composé d'unités simples.

97. Les questions de ce genre reviennent à celles que l'on avoit à résoudre dans l'ancien système, lorsqu'on se proposoit de chercher combien coûteroient par exemple, 37 choses quelconques, comme aunes, toises, livres poids de marc, à 13^{tt} 17^f 6^d la chose. Le multiplicateur qui n'exprimoit que des unités simples ne causoit ici aucun embarras, & toute la difficulté venoit des sous & des deniers du multiplicande. Mais en opérant sur des décimes & des centimes, on n'est pas plus gêné par un nombre que par l'autre.

Règle.

98. Après avoir écrit les deux nombres l'un au-dessous de l'autre, en donnant pour la commodité du calcul, la place supérieure à celui qui a le plus de chiffres, faites d'abord la multiplication à l'ordinaire, sans vous embarrasser de la virgule ; & ensuite dans le

produit, féparez autant de chiffres vers la droite
au moyen de la virgule & du mot indicateur,
qu'il y a de décimales au multiplicande.

Exemple relatif aux Livres, Décimes & Centimes.

99. *Exemple.* Combien coûteront,

à raison de 2$\overset{\text{lv.}}{3}$,85 la chofe,

   49 chofes quelconques ?

   2146.5

   9540

   1 1 6$\overset{\text{lv.}}{8}$,65.

Vous avez féparé deux décimales, à l'aide
de la virgule, parce qu'il y en a deux au
multiplicande.

Remarque.

100. Lorfque le multiplicateur eft 10, 100,
1000, ou tout autre nombre décimal, on
peut effectuer tout d'un coup la multiplication,
fans faire autre chofe que reculer la virgule
du multiplicande, d'autant de rangs vers la
droite, qu'il y a de zéros au multiplicateur.
Ainfi, le produit de 3$\overset{\text{lv.}}{,}$42 par 10 eft 34$\overset{\text{lv.}}{,}$2,

comme il est bien aisé d'en juger, puisqu'au moyen du déplacement de la virgule, le dernier chiffre 2 qui valoit des centimes, vaut maintenant des décimes, dont chacun est égal à 10 centimes, & ainsi des autres chiffres.

Pour multiplier 4,234^{lv.} par 100, on écrira 423,4^{lv.}; pour le multiplier par 1000, on écrira 4234^{lv.}, en ôtant tout-à-fait la virgule, parce que le nombre se termine aux unités de livre. Si l'on vouloit multiplier le même nombre par 10000, on écriroit 42340^{lv.}, en ôtant d'abord la virgule, pour rendre le nombre mille fois plus grand, puis en ajoutant un zéro, pour le rendre encore dix fois plus grand.

On peut faire la même opération sur un nombre qui exprime des unités de toute autre espèce, comme des mètres, des graves, &c.

Observez qu'un zéro placé à la suite d'un chiffre qui exprime des unités, est bien différent de celui qu'on ajoute à la suite d'une décimale. Ce dernier ne change point la valeur du nombre (89), au lieu que le premier rend le nombre dix fois plus grand.

Multiplication d'un nombre compofé d'unités & de parties décimales de ces unités, par un nombre compofé de même d'unités & de parties décimales.

101. Dans les queftions de ce genre qui fe rapportoient à l'ancien fyftème, le multiplicande étant ordinairement un certain nombre de livres, de fous & de deniers, le multiplicateur exprimoit tantôt des aunes, avec des fractions d'aune, tantôt des toifes, avec des pieds, des pouces & des lignes, tantôt des liv. poids de marc, avec des onces, des gros, des grains, &c. Et comme la manière dont l'unité fe trouvoit divifée, étoit différente à mefure que l'on changeoit de multiplicateur, quand on s'étoit bien exercé à vaincre les difficultés de telle opération en particulier, il falloit commencer une nouvelle étude non moins pénible, en paffant à une opération où l'on avoit une autre efpèce d'unité à confidérer. Mais à l'avenir, une feule manière d'opérer, très-facile en elle-même, s'appliquera à toutes les efpèces de mefures.

Règle.

102. Écrivez les deux nombres propofés l'un au-deffous de l'autre, comme il a été dit (98); multipliez à l'ordinaire, fans faire attention aux virgules, & enfuite dans le produit, féparez autant de chiffres, au moyen de la virgule & du mot indicateur, qu'il y a de décimales au multiplicande & au multiplicateur.

Exemples relatifs aux mefures de longueur.

103. *Exemple.* Combien

coûteront. . . . . 47,234 $^{mt.}$

à raifon de. . . . . 32,56 $^{lv.}$ par mètre ?

$$
\begin{array}{r}
283404 \\
236170 \\
94468 \\
141702 \\
\hline
1537,93904.
\end{array}
$$

Produit. . . . . . . 1537,93904. $^{lv.}$

Vous féparez dans le produit cinq décimales, au moyen de la virgule, parce qu'il y a trois décimales au multiplicateur , & deux au multiplicande.

Remarque.

104. Dans les opérations semblables à la précédente , où le produit a nécessairement plus de décimales que l'un ou l'autre des deux nombres proposés , il arrive souvent que les dernières décimales de ce produit expriment des parties de l'unité beaucoup plus petites que celles qui sont d'usage, comme on le voit par la même opération , où le produit va jusqu'aux cent-millièmes de la livre , tandis que le multiplicande est borné aux centimes. Alors, s'il n'y a aucune raison de conserver ces dernières sousdivisions de l'unité , vous pouvez effacer les décimales qui les repré-sentent. Ici , par exemple , vous vous arrê-teriez aux centimes, en prenant pour produit 1537,93.

Il y a cependant une attention à faire, lorsqu'on efface les décimales qui terminent le produit ; c'est d'ajouter une unité à la der-nière des décimales que l'on conserve, lorsque

la première de celles que l'on fupprime eft 5,
ou un nombre plus grand que 5. Ainfi, dans
notre exemple, il eft plus exact de prendre
pour produit 1537,94 que 1537,93, parce
que les décimales fupprimées, dont la première eft 9, valent plus de $\frac{5}{10}$ ou une moitié
de centime, & que de cette manière l'erreur
que l'on commet eft moins fenfible que fi on
effaçoit les trois dernières décimales, fans rien
reftituer à la précédente. Au contraire, dans
un produit tel que le fuivant, 1537,93404,
on ne changeroit rien à la dernière des
décimales confervées, & l'on prendroit fimplement 1537,93, parce que les décimales
fuivantes ne valent pas $\frac{5}{10}$ ou une moitié de
centime.

On faifoit la même chofe dans les grands
comptes par livres, fous & deniers, où l'on
avoit une fraction de denier, que l'on effaçoit; car fuivant que cette fraction étoit plus
grande ou moindre que $\frac{1}{2}$, on augmentoit
d'une unité le nombre des deniers, ou bien
on le laiffoit fans y rien ajouter.

105. *Autre exemple.* On demande combien,

à raison de........ 0,35 par mètre,

coûteront.......... 2,4 ?

$$\begin{array}{r} 140 \\ 70 \\ \hline 0,840 \end{array}$$

Comme l'opération faite de la manière la plus simple, se réduit à multiplier 35 par 24, ce qui donne pour produit le nombre 840, seulement composé de trois chiffres, vous pourriez être embarrassé d'observer ici la règle (102) qui prescrit de séparer dans ce produit trois décimales au moyen de la virgule. Mais il est aisé de voir qu'il faut faire précéder la virgule par un zéro, au-dessus duquel vous placerez l'indicateur de la livre, pour marquer qu'il n'y a point d'unités, en sorte que le produit est simplement 84 centimes. Ce zéro se seroit trouvé d'avance au produit, si dans le cours de l'opération, vous aviez multiplié le zéro du multiplicande par chaque chiffre du multipli-cateur, ce qui d'ailleurs eût alongé le calcul en pure perte.

Exemples relatifs aux Poids.

106. *Exemple.* Combien

coûteront........... $37,346$ $^{\text{gv.}}$

à raison de.......... $12,4$ $^{\text{lv.}}$ par grave ?

$$
\begin{array}{r}
149384 \\
74692 \\
37346 \\
\hline
463,0904,
\end{array}
$$

ou plus simplement.. $463,09$ $^{\text{lv.}}$, suivant ce qui a été dit (104).

107. *Autre exemple.* Combien ,

à raison de..... $3656,5$ $^{\text{lv.}}$ pour chaque bar,

coûteront........ $9,249$ $^{\text{br.}}$?

$$
\begin{array}{r}
329085 \\
146260 \\
73130 \\
329085 \\
\hline
33818,9685,
\end{array}
$$

ou simplement $33818,97$ $^{\text{lv.}}$. Voyez (104).

108.

108. *Autre exemple.* Combien,

à raison de........ $\overset{\text{lv.}}{1}5{,}46$ par grave,

coûteront........... $\overset{\text{gv.}}{0}{,}0056\,!$

$$9276$$
$$7730$$

$$\overset{\text{lv.}}{0}{,}086576.$$

ou à peu-près 9 centimes. *Voyez* (104).

Comme la multiplication de 1546 par 56, donne simplement au produit 86576, il a fallu pour obferver la règle (102), placer d'abord un zéro entre le premier chiffre 8 & la virgule, puis un fecond zéro avant la virgule (105).

Ufage de la Multiplication pour la mefure des furfaces.

109. Nous allons maintenant expofer la méthode qui, d'après le nouveau fyftème, doit être fubftituée à ce qu'on appeloit jufqu'ici *le toifé des furfaces,* en nous bornant à celles qui font d'une figure très-fimple, comme le

Inftruction abrégée.   F

carré long, que l'on appelle auffi *rectangle (a)*.

Pour toifer un rectangle, on mefuroit fucceffivement avec la toife le grand & le petit
côté de ce rectangle, & lorfque chacune des
deux mefures donnoit uniquement des toifes
fans aucun refte, on avoit aifément la furface
du rectangle, en multipliant le nombre de
toifes contenues dans un des côtés, par le
nombre de toifes contenues dans l'autre côté:
le produit faifoit connoître combien il y avoit
de toifes carrées renfermées dans la furface
du rectangle. Ainfi, en fuppofant l'un des
côtés de 13 toifes & l'autre de 6 toifes, on
trouvoit, en formant le produit de 13 par 6,
que la furface étoit égale à 78 toifes carrées.

110. Si la furface étoit elle-même un carré,
il fuffifoit de mefurer un des côtés, & de
multipler par lui-même le nombre de toifes
contenues dans ce côté. Par exemple, fi le
côté du carré étoit égal à 14 toifes, on multiplioit 14 par 14, ce qui donnoit 196 toifes
carrées pour la furface du carré total.

(a) Le mot de *rectangle* défigne une figure dont les
côtés font entre eux des angles droits, comme celui que
forment les deux branches d'une équerre.

111. Mais si la toise ne mesuroit pas exactement les côtés du rectangle, en sorte qu'il y eût un reste composé de pieds, de pouces, de lignes, &c., alors la surface étoit égale à un certain nombre de toises carrées complètes, avec un excédant composé de parties de la toise carrée. Pour évaluer cet excédant, on avoit sousdivisé la toise carrée qui portoit aussi le nom de toise - toise, en six rectangles qui avoient chacun une toise de hauteur, sur un pied de largeur, & que l'on appeloit toises-pieds. La toise-pied, à son tour, étoit divisée en douze rectangles, qui avoient chacun une toise de hauteur, sur un pouce de largeur, & que l'on appeloit toises-pouces ; la toise-pouce en douze rectangles, qui avoient chacun une toise de hauteur, sur une ligne de largeur, & que l'on nommoit toises-lignes, &c. ; & le calcul donnoit le nombre de toises-pieds, de toises-pouces, de toises - lignes, de toises - points, &c., qui formoient l'excédant des toises - carrées renfermées dans la surface.

112. La manière ordinaire de faire ce

calcul confiſtoit à multiplier par parties les nombres de toiſes & de ſousdiviſions de la toiſe contenues dans les côtés, ce qui exigeoit beaucoup d'attention & une grande pratique de la méthode du toiſé. On auroit pu auſſi réduire tout en pouces ou en lignes, &c., ſuivant les cas; mais en gagnant alors quelque choſe du côté de la facilité, on ſe fût jeté dans une opération très-ennuyeuſe par ſa longueur.

On évaluoit encore les ſurfaces en pieds carrés, & en fractions du pied carré, comme $\frac{1}{2}$, $\frac{1}{4}$, $\frac{1}{8}$, &c., ce qui conduiſoit à des difficultés d'un autre genre.

113. A l'aide du nouveau ſyſtème, une ſurface eſt preſqu'évaluée, dès qu'on en a meſuré les côtés. Nous avons déjà dit (29) que l'unité de meſure relative à ce genre d'opérations, étoit le mètre carré : or, en ſuivant toujours le principe de la diviſion par 10, on conçoit aiſément que dans les cas où cette unité ne ſe trouvera pas contenue exactement un certain nombre de fois dans le rectangle à meſurer, les parties qui compoſeront l'excédant ſeront des dixièmes, des

(85)

centièmes, des millièmes de mètre carré.

Pour rendre ces parties fensibles à l'œil, fuppofons que *abcd (Pl. II, fig. 2, page 90)* repréfente un mètre carré. Si nous divifons deux côtés oppofés, tels que *ab, dc*, chacun en 10 parties égales qui feront des décimètres, & fi par les points de divifion nous tirons autant de lignes droites *ng, op, rs, &c.*, il eft clair que chaque bande ou chaque rectangle *angd, ongp, &c.*, compris entre deux lignes voifines, fera un dixième de mètre carré. Maintenant nous pouvons imaginer qu'ayant divifé de même les petits côtés *an, no, or, &c.*, des rectangles précédens, chacun en 10 parties égales, qui feront des centimètres, on ait tiré auffi des lignes par les points de divifion, & il eft encore évident que chaque rectangle égal à un dixième de mètre carré, fe trouvera foudivifé à fon tour en 10 autres rectangles, qui feront des centièmes de mètre carré. En continuant la même opération, on aura de nouveaux rectangles toujours dix fois plus étroits, & qui feront fucceffivement des millièmes, des dix millièmes, &c. de mètre carré; par où

F 3

l'on voit que toutes les parties qui fousdivifent le mètre carré, ont une hauteur égale au mètre linéaire, fur une largeur qui eft égale fucceffivement à un dixième de mètre ou un décimètre, à un centième de mètre ou un centimètre, à un millième de mètre ou un millimètre, &c., fuivant que le rectangle auquel appartient cette largeur eft un dixième, un centième, un millième, &c. de mètre carré.

114. *Exemple.* Cela pofé, concevons que *amtp* *(fig. 3)* repréfente un rectangle dont le côté *mo* renferme cinq mètres depuis *m* jufqu'en *o*, avec un refte *ot* égal à un décimètre, ce qui fait $\overset{mt.}{5},1$, & dont l'autre côté *ma* renferme trois mètres, depuis *m* jufqu'en *c*, avec un refte *ca* égal à deux décimètres, ce qui donne $\overset{mt.}{3},2$.

Pour trouver la furface, multipliez 5,1 par 3,2, & en féparant dans le produit autant de chiffres vers la droite, au moyen d'une virgule, qu'il y a de décimales au multiplicande & au multiplicateur, comme le prefcrit la règle (102), placez l'indicateur du mètre carré au - deſſus du chiffre qui exprime les unités. Voici le tableau de cette opération.

$$
\begin{array}{r}
\text{mt.} \\
5,1 \\
3,2 \\
\hline
102 \\
153 \\
\hline
\text{mt.q.} \\
16,32. \\
\hline
\end{array}
$$

C'eſt - à - dire, que la ſurface eſt égale à 16 mètres carrés, plus 3 dixièmes & 2 cen-tièmes de mètre carré.

115. Pour vous faire une idée plus nette de ce réſultat, jetez les yeux ſur la figure, & prenez l'une après l'autre toutes les parties de la ſurface, diſtinguées à l'aide des lignes tirées par les extrémités des mètres & des décimètres qui ſousdiviſent les côtés. Vous compterez d'abord quinze mètres carrés com-plets dans l'eſpace *cmor*. Vous aurez enſuite dans l'eſpace *acrh*, dix dixièmes de mètre carré, diſpoſés deux à deux, & dans l'eſpace *orst*, trois dixièmes de mètre carré, rangés

F 4

fur une même ligne, & ainſi la ſomme de tous ces rectangles ſera dix dixièmes plus trois dixièmes de mètre carré, c'eſt-à-dire, un mètre carré complet, plus trois dixièmes. Réuniſſant cette quantité avec les quinze mètres carrés précédens, vous aurez pour la ſomme ſeize mètres carrés, plus trois dixièmes de mètre carré. Il ne reſtera plus que les deux petits carrés renfermés dans l'eſpace *rhps*. Or, le carré *ihpn*, par exemple, ayant ſon côté *ph* égal à un dixième de *hl*, il eſt aiſé de voir qu'il eſt contenu dix fois dans le rectangle *lkih*, qui eſt un dixième de mètre carré, & par conſéquent le carré *ihnp* eſt un centième de mètre carré, & l'eſpace *rhps* vaut deux centièmes de mètre carré, qui joints à la ſomme précédente, donnent pour la totalité de la ſurface 16 mètres carrés, plus 3 dixièmes & 2 centièmes de mètre carré, ou 16,32, ainſi que nous l'avions trouvé immédiatement (114), à l'aide du calcul.

On voit que les centièmes de mètre carré dont il s'agit ici, ont une figure différente de celle que nous avons ſuppoſée ci-deſſus

(113) à ces espèces de sousdivisions, **pour** ramener à l'uniformité toutes les parties du mètre carré, en les considérant comme des rectangles qui ont une hauteur commune égale au mètre linéaire, & dont les largeurs sont données successivement par les divisions du mètre linéaire. Mais au fond, cela est indifférent pour le calcul, puisque le résultat est absolument le même dans les deux suppositions.

116. Vous concevrez aisément, d'après ce qui vient d'être dit, qu'il faut bien se garder de confondre, par exemple, deux décimètres carrés avec deux dixièmes de mètre carré, puisque cette dernière quantité, qui est représentée par l'espace $lzsp$, vaut dix fois la première, qui est bornée au petit espace $hrsp$.

Vous ne confondrez pas non plus avec l'une ou l'autre des quantités précédentes, un carré dont le côté seroit égal à deux décimètres. Ce carré est représenté par $cgnh$ (*fig. 4.*), où l'on voit qu'il renferme quatre décimètres carrés, & ainsi de ces trois quantités; savoir, 1.º deux dixièmes de mètre carré; 2.º un carré dont le côté eſt égal à deux décimètres ; & 3.º deux décimètres carrés ; ſi l'on ſuppoſe la première égale à 20, la ſeconde ſera égale à 4, & la troiſième à 2.

117. *Autre exemple.* On demande la ſurface d'un rectangle, dont un des côtés

$$
\begin{array}{r}
\text{égale.} \ldots \ldots \ldots \ldots \ldots \quad 13{,}23 \text{ mt.} \\
\text{\& l'autre côté} \ldots \ldots \ldots \quad 9{,}56 \\
\hline
7938 \\
6615 \\
11907 \\
\hline
126{,}4788 \text{ mt. q.}
\end{array}
$$

Si l'on ſe borne aux centièmes de mètre carré, le produit qui exprime la ſurface ſera (104) ſimplement 126,48 mt. q.

118. *Autre exemple.* Si les côtés du rectangle étoient plus petits que le mètre, on pourroit indifféremment les exprimer à l'ordinaire, en conſidérant toujours le mètre comme l'unité, ou bien en prenant pour unité la plus grande des ſousdiviſions du mètre, données par la meſure des côtés.

Fig. 2.

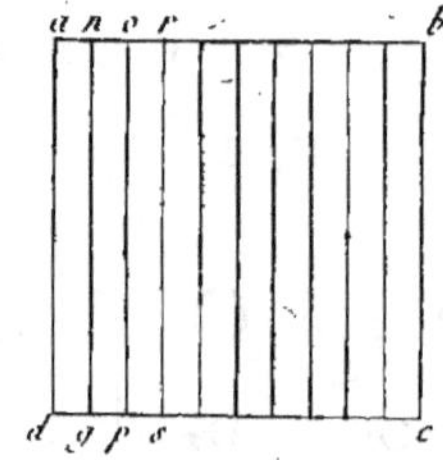

Fig. 3.

Fig. 4.

Soit propofé de trouver la furface d'un rectangle, dont un des côtés eft

de................... $\overset{mt.}{0,62}$

& l'autre de............ $\overset{mt^{2}}{0,4}$

$$\overset{mt.q.}{0,248}.$$

Ici le produit énoncé d'après les différens chiffres qui le compofent, eft zéro mètre carré, 2 dixièmes, 4 centièmes, 8 millièmes de mètre carré.

Pofons maintenant l'opération de la manière fuivante :

L'un des côtés eft de..... $\overset{d.mt.}{6,2}$

& l'autre de.............. $\overset{d.mt.}{4}$

$$\overset{d.mt.q.}{24,8}.$$

On aura donc pour la furface, 24 décimètres carrés, & 8 dixièmes de décimètre carré, ce qui eft la même quantité que $\overset{mt.q.}{0,248}$, exprimée d'une manière différente.

Usage de la Multiplication pour la mesure des solidités.

119. Nous nous contenterons encore ici, comme pour la mesure des surfaces (109), d'exposer ce qu'il y a de plus simple dans les opérations relatives à l'objet que nous avons à considérer, c'est-à-dire, que nous ne parlerons que des solides terminés par six rectangles. Ces sortes de solides, dont un est représenté (*pl. III, fig. 5.*), s'appellent en général *parallélipipèdes rectangles*, parce que leurs faces opposées sont parallèles, & que de plus chacune d'elles est à angle droit, ou, comme l'on dit, est d'équerre sur les faces voisines. Dans le cas ou les six faces sont des carrés, le solide prend le nom de *cube.*

120. Lorsqu'on avoit à mesurer, par l'ancienne méthode, un parallélipipède rectangle, on choisissoit une des faces, telle que *a b c d* (*fig. 5*), que l'on considéroit comme la base du solide. On mesuroit le grand côté *c d* ou *a b*, & le petit côté *a d* ou *b c* du rectangle

qui formoit cette bafe, puis l'un des quatre côtés *c p*, *d r*, *a g*, *b f*, qui donnoient la hauteur du folide. Suppofons que le côté *c d* de la bafe fût de 6 toifes, le côté *b c* de 3 toifes, & la hauteur *c p* de 8 toifes. Multipliant d'abord 6 toifes par 3, on avoit 18 toifes carrées pour la furface de la bafe. On multiplioit enfuite le nombre 18 de ces toifes carrées par le nombre 8 des toifes de la hauteur, & le produit 144 faifoit connoître que le folide renfermoit 144 toifes cubes.

Si le folide étoit auffi un cube, il fuffifoit de mefurer un des côtés. On multiplioit enfuite par lui-même le nombre de toifes contenues dans ce côté, pour avoir le nombre de toifes carrées que renfermoit la bafe, puis on multiplioit ce dernier nombre par le premier, & le produit donnoit la folidité du cube évaluée en toifes-cubes.

121. Mais lorfque la mefure des côtés du folide, prife à l'aide de la toife, donnoit un refte compofé de pieds, de pouces, de lignes, &c., dans ce cas la folidité renfermoit, outre un certain nombre de toifes cubes

complètes, un excédant que l'on évaluoit en partìes de la toise-cube. Ces parties étoient elles-mêmes des parallélipipèdes , ayant tous pour base une toise carrée, & dont les hauteurs étoient égales successivement à un pied, un pouce, une ligne , &c. En conséquence, on nommoit ces parallélipipèdes toises - toises-pieds , toises - toises - pouces , toises - toises-lignes , &c., suivant qu'elles avoient pour hauteur le pied , ou le pouce, ou la ligne, &c.

Pour parvenir à cette évaluation du solide en toises-cubes & en partie de la toise-cube, il falloit d'abord chercher la surface de la base par une multiplication composée , semblable à celle dont nous avons parlé (112) , & dont le produit donnoit le nombre de toises carrées, de toises-pieds , de toises-pouces , &c. renfermées dans cette base. Ce produit servoit ensuite de multiplicande dans une seconde opération où le nombre des divisions de la hauteur étoit pris pour multiplicateur, ce qui exigeoit un nouveau travail souvent plus long & plus compliqué encore que le premier, pour arriver au résultat qui donnoit la solidité du parallélipipède en toises-cubes, toises-toises-pieds, toises- toises-pouces, &c.

122. Dans les opérations analogues, faites à l'aide du nouveau fystème, après avoir trouvé la furface de la bafe à l'aide de la méthode indiquée plus haut (114), on parvient à évaluer la folidité par une feconde multiplication toute auffi fimple & auffi facile. Cette folidité fe trouve exprimée, toujours d'après le rapport décimal, en mètres cubiques complets, plus en dixièmes, centièmes, millièmes, &c. de mètre cubique.

Suppofons que la figure 6 repréfente un mètre cubique : ayant pris fur le côté *fm* une partie *fl* égale à un décimètre, fi par le point *l* nous faifons paffer un plan *lngu* qui foit parallèle au carré *fhda*, on conçoit aifément que la tranche renfermée entre ces deux plans, fera un dixième de mètre cubique. Cette tranche eft, comme l'on voit, un parallélipipède qui a pour bafe un mètre carré *fhda*, ou *lngu*, & dont la hauteur ou l'épaiffeur *fl* eft un dixième de mètre ou un décimètre. On pourra de même divifer cette

tranche entre les points f, l, toujours paral-
lèlement au carré $fhda$, de manière à en
détacher une nouvelle partie dont la bafe fera
encore un mètre carré, & la hauteur un
dixième de fl, ou un centimètre ; & il eft
vifible que cette partie fera un centième de
mètre cubique. Par une troifième foursdivifion
faite femblablement, on aura une nouvelle
partie dont la bafe fera de même un mètre
carré, & la hauteur un centième de fl ou
un millimètre, c'eft-à-dire que cette partie
fera un millieme de mètre cubique, & ainfi
de fuite.

Paffons à la manière d'évaluer les folidités
en mètres cubiques & en parties décimales
du mètre cubique.

123. *Exemple*. Soit propofé d'abord de
trouver la folidité d'un parallélipipède rectangle dont la bafe feroit femblable au rectangle $amtp$ (*pl. II, fig. 3, page 90*), & qui
auroit un mètre en hauteur. Nous avons trouvé
ci-deffus (114), que la furface du rectangle
$amtp$ contenoit $16,32^{mt.q}$; & puifque la hauteur
du parallélipipède eft égale à chacune des
divifions

Fig. 5.

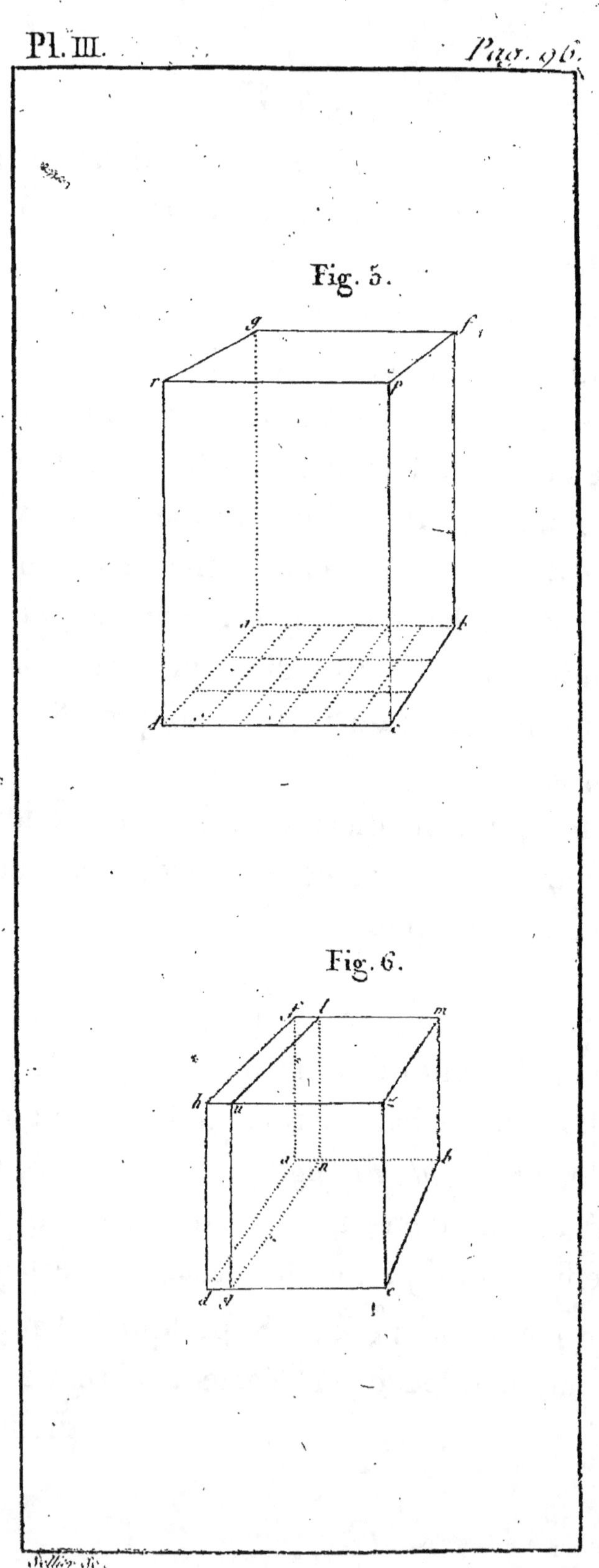

Fig. 6.

(97)

divisions *ad*, *dl*, *&c.*, c'est-à-dire, au mètre
qui est ici l'unité, il est clair que pour avoir
la solidité, il faut multiplier $\overset{mt.q.}{16,32}$ par 1,
& substituer dans le produit l'indication du
mètre cubique à celle du mètre carré, ce qui
donne pour la solidité $\overset{mt.c.}{16,32}$.

124. Dans le parallélipipède dont il s'agit
ici, chaque mètre carré de la base répond à
un mètre cubique; chaque dixième de mètre
carré, à un dixième de mètre cubique, &
chaque centième de mètre carré, à un centième de mètre cubique; & en résumant les
unes après les autres toutes ces quantités,
comme nous avons fait plus haut (115), par
rapport aux sousdivisions de la base, on se
fera une idée nette de la manière dont ces
mêmes quantités se combinent pour donner
un produit qui en présente la totalité réduite
à sa plus simple expression.

125. En appliquant encore ici ce que
nous avons dit (116) des portions de
surface qu'il falloit éviter de confondre,
d'après une certaine ressemblance entre les
mots qui servoient à les désigner, on concevra

Instruction abrégée. G

qu'il y a une grande différence, par exemple, entre deux décimètres cubiques & deux dixièmes de mètre cubique ; car si l'on suppose chaque côté du mètre cubique divisé en décimètres, & que l'on prenne le décimètre pour unité, l'expression du côté sera $10^{d.mt.}$, & en multipliant d'abord 10 par lui-même, on aura $100^{d.mt.q.}$ pour la base du mètre cubique. Multipliant ensuite le nombre 100 des carrés contenus dans la base, par le nombre 10 des parties de la hauteur, on aura $1000^{d.mt.c.}$ pour la solidité du mètre cubique évaluée en décimètres cubiques ; d'où il suit qu'un décimètre cubique n'est que la millième partie d'un mètre cubique, & par conséquent deux décimètres cubiques font égaux à deux millièmes de mètre cubique, laquelle quantité n'est que la centième partie de deux dixièmes de mètre cubique.

De même il ne faut pas confondre avec deux dixièmes de mètre cubique, un cube dont le côté seroit égal à deux décimètres ; car en multipliant d'abord 2 par lui-même, on trouvera 4 décimètres carrés pour la base du cube dont il s'agit. Si l'on multiplie ensuite

(99)

le nombre 4 des carrés renfermés dans la base par le nombre 2 des parties de la hauteur, on aura 8 décimètres cubiques pour la solidité du même cube; & puisqu'un décimètre cubique n'est que la millième partie d'un mètre cubique, il en résulte que huit décimètres cubiques ou huit millièmes de mètre cubique sont bien éloignés de valoir deux dixièmes de mètre cubique.

126. *Autre exemple.* On demande la solidité d'un massif de maçonnerie, dans lequel l'un des côtés de la base est

de. . . . . 5,23 mt.

l'autre côté est de . . . . 4,6 mt.

____

3138

2092

____

ce qui donne pour la surface de la base 24,058 mt.q.

La hauteur est de . . . . 2,74 mt.

96232

684060

48116

____

ce qui donne pour la solidité . . . 65,91892 mt.c.

____

Ou plus simplement . . . . 65,919, mt.c. en se bornant aux millièmes de mètre cubique (104).

G 2

On voit par-là, qu'au moyen du nouveau
fyftème, tout fe réduit à deux multiplications
ordinaires.

V. DE LA DIVISION.

127. Les avantages du fyftème des mefures
déduites de la grandeur de la terre, relativement à la divifion, font beaucoup plus
étendus que ceux qui concernent les opérations précédentes. On fait que quand le divifeur n'étoit pas contenu exactement un certain
nombre de fois dans le dividende, on avoit
un refte qui exigeoit un furcroît de travail
plus ou moins confidérable, lorfqu'on vouloit
en tenir compte dans le réfultat de l'opération. Or nous verrons bientôt, qu'à l'aide
du nouveau fyftème, on peut continuer la
divifion fur ce refte, comme fi l'on n'opéroit
que fur des nombres entiers ; mais pour aller
par ordre, nous fuppoferons d'abord une
divifion où le dividende exprimant des unités
& des parties de l'unité, le divifeur y foit
contenu fans aucun refte ; & le fyftème dont
il s'agit va déjà nous offrir, même dans ce

cas, des facilités pour parvenir au quotient cherché.

1. *Des Divisions qui peuvent se faire exactement.*

128. Vous vous proposiez de résoudre une question telle que la suivante : on a payé 1613^{tt} 9^f 6^d une pièce d'étoffe de 213 aunes, à combien revient le prix de chaque aune ? Vous divisiez d'abord 1613^{tt} par 213. Le quotient étoit 7^{tt} avec un reste 122^{tt} : vous réduisiez ce reste en sous, ce qui faisoit 2440^f, qui ajoutés aux 9^f du dividende, vous donnoient 2449^f à diviser par 213. Vous trouviez pour quotient 11^f avec un reste 106^f, qui réduit en deniers faisoit 1272^d ; ajoutant ce nombre aux 6^d du dividende, vous aviez 1278^d qui divisés par 213, donnoient au quotient 6^d sans aucun reste : ainsi le prix de l'aune étoit exactement de 7^{tt} 11^f 6^d.

129. Pour résoudre les questions analogues, au moyen de la nouvelle méthode, une simple opération suffit.

G 3

Règle.

Faites la division à l'ordinaire, fans avoir égard à la virgule du dividende, & enfuite féparez dans le quotient autant de chiffres vers la droite, au moyen de la virgule & de l'indicateur de l'unité, qu'il y a de décimales au dividende.

Exemple. Suppofons que le prix total de la pièce d'étoffe foit de 1829,67, & le nombre d'aunes toujours de 213.

$$
\begin{array}{c|c}
1829,67 & 213 \\
\hline
1256 & \overset{\text{lv.}}{8},59 \\
1917 & \\
0000 &
\end{array}
$$

Vous avez féparé deux chiffres dans le quotient, à l'aide de la virgule, parce que le dividende a deux décimales, & ainfi le prix de l'aune eft de 8 livres, 5 décimes, 9 centimes.

Remarque.

130. Si le divifeur étoit 10, 100, 1000, ou quelqu'autre nombre compofé de l'unité

avec un ou plusieurs zéros à sa suite, on pourroit tout d'un coup exécuter la division, en reculant la virgule du dividende d'autant de rangs vers la gauche, qu'il y auroit de zéros dans le diviseur ; & le dividende, au moyen de ce déplacement de la virgule, deviendroit le quotient. Ainsi, pour diviser 573,24 par 10, on écriroit 573,24 ; pour le diviser par 100, on écriroit 57,324 ; pour le diviser par 10000, on écriroit 0,57324, en plaçant avant la virgule un zéro avec l'indicateur de la livre. Cette opération est le contraire de celle qui nous a servi (100) à multiplier un nombre par 10, 100, 1000, &c.

131. Supposons maintenant que vous eussiez eu à résoudre cette autre question relative à l'ancien système : 13 toises 1 pied 4 pouces d'ouvrage ont coûté 128^{tt} 8^{f} 5^{d}. Quel est le prix de chaque toise ?

Cette division eût été longue & compliquée, même en suivant la méthode la plus simple, qui consiste à prendre pour dividende le produit de 128^{tt} 8^{f} 5^{d} par 72, qui est le nombre de fois que la toise contient le pouce, & pour diviseur le nombre de pouces renfermés dans $13^{T.}$ $1^{P.}$ $4^{P.}$. De cette manière le dividende devenoit 9246^{tt} 6^{f}, & le diviseur 952 ; ce qui ramène l'opération à celle que nous avons exposée plus haut (128). A l'aide de cette méthode, ou de toute autre, vous auriez trouvé pour quotient exact 9^{tt} 14^{f} 3^{d}, ce qui vous eût donné le prix de la toise.

132. Voyez comment on répondroit à une question du même genre, tirée du nouveau système.

Exemple. $15^{mt.}$$23$ d'ouvrage, tout supputé, reviennent à $131^{liv.}$$,7395.$ On demande le prix de chaque mètre.

Règle.

Reculez d'abord, dans le dividende & dans le diviseur, la virgule vers la droite, d'autant de rangs qu'il est nécessaire pour qu'elle disparoisse du diviseur, & ensuite opérez comme il a été dit plus haut (129), pour le cas où il n'y a de virgule qu'au dividende.

Ainſi, ayant reculé la virgule de deux rangs vers la droite dans les deux nombres, vous aurez pour dividende 13173,95, & pour diviſeur 1523, qui eſt ſans virgule, & tout ſe réduira à l'opération que préſente le tableau ſuivant :

$$\begin{array}{r|l} 13173,95 & 1523 \\ \hline 9899 & 8,65^{\text{lv.}} \\ 7615 & \\ 0000 & \end{array}$$

Remarque.

133. En reculant la virgule de deux rangs vers la droite dans les deux nombres, vous avez rendu ces nombres cent fois plus grands (100). Mais il eſt aiſé de faire voir, par un exemple fort ſimple, que le quotient ſera toujours le même. Suppoſons que j'aie 6 à diviſer par 3, il eſt évident que le quotient eſt 2. Maintenant ſi je prends des nombres cent fois plus grands, & que je diviſe 600 par 300, j'aurai encore pour quotient le nombre 2. Il en ſera de même ſi l'on rend le

dividende & le diviseur mille fois, dix mille fois, &c. plus grands, ou en général si l'on multiplie l'un & l'autre par un nombre quelconque, comme si on les doubloit, ou si on les triploit tous les deux à la fois.

134. *Autre exemple.* On a donné 28,92$^{\text{lv.}}$ pour 2,41$^{\text{gv.}}$ de marchandise. On demande combien vaut le grave ?

Le dividende 28,92 & le diviseur 2,41 ayant ici autant de décimales l'un que l'autre, la virgule reculée également des deux côtés, comme le prescrit la règle, disparoît à la fois dans les deux nombres, & ainsi l'opération se réduit à cette division ordinaire.

$$\begin{array}{r|l} 2892 & 241 \\ \hline 482 & 12^{\text{lv.}} \\ 000 & \end{array}$$

Le quotient fait connoître que le prix du grave est de 12 livres.

135. *Autre exemple.* Combien aura-t-on de mètres d'une certaine toile, pour 7316,8$^{\text{lv.}}$, à raison de 2,152$^{\text{lv.}}$ le mètre ?

Ici le diviſeur 2,152 ayant deux décimales de plus que le dividende 7316,8, il ſemble d'abord qu'on ne puiſſe faire diſparoître la virgule du diviſeur ; car en la reculant d'un rang vers la droite, de part & d'autre, qui eſt tout ce que vous pouvez faire, vous avez pour nouveau dividende 73168 liv. & pour diviſeur 21,52, où il reſte deux décimales.

Mais rappelez-vous ce qui ſe pratique dans la ſouſtraction (89), lorſque l'un des deux nombres a moins de décimales que l'autre. Dans ce càs, on lui en donne autant, en plaçant des zéros à la ſuite. Faites la même choſe ici.

Le dividende ſera. 7316,800,
Le diviſeur ſera toujours. . . 2,152,

Ce qui permet d'ôter la virgule de l'un & de l'autre, comme dans le cas précédent (134); en ſorte que vous n'aurez plus qu'une diviſion ordinaire dont voici le tableau.

$$7316800 \left\{ \begin{array}{l} 2152 \\ 860800 \quad 3400 \\ 0000 \end{array} \right.$$

On aura donc 3400 mètres, pour la somme propofée.

Au moyen des petites attentions dont nous venons de parler, & qui vous deviendront familières avec un peu d'exercice, vous avez l'avantage d'amener votre opération à la plus grande fimplicité poffible ; & c'eft cette même manière de pofer une divifion que nous aurons en vue dans les exemples qui doivent fuivre, en fuppofant toujours que le divifeur au moins foit fans décimales.

2. *De la manière d'approcher d'auffi près qu'on voudra du vrai quotient, lorfque la Divifion donne un refte.*

Exemples où le dividende & le divifeur font des nombres entiers.

136. Commençons encore ici par propofer une queftion relative à l'ancien fyftème. Vous aviez une fomme de 391^{tt} à partager également entre 21 citoyens. Le quotient de la divifion pouffée jufqu'aux deniers étoit 18^{tt} 12^{f} 4^{d} avec un refte 12, dont vous

ne pouviez plus faire ufage, qu'en écrivant au-deſſous le diviſeur 21, en ſorte que la totalité du quotient, ou la ſomme qui donnoit exactement la part de chaque citoyen étoit $18^{tt}\ 12^{f}\ 4^{d}\ \frac{12}{21}^{d}$, ou plus ſimplement $\frac{4}{7}^{d}$, par où l'on voit que la queſtion propoſée, dans laquelle le dividende & le diviſeur ſont des nombres ſimples, conduit à un réſultat compliqué de quatre quantités mal liées entr'elles, & préſentées ſous une forme incommode.

137. *Exemple.* Servons - nous du même exemple pour y appliquer la méthode que fournit le nouveau ſyſtème, & exécutons d'abord la diviſion à l'ordinaire juſqu'au terme où l'on avoit un reſte que l'on étoit obligé de réduire en ſous, pour diviſer par 21 le nombre de ſous renfermés dans ce reſte.

$$\left.\begin{array}{c} 391 \\ \hline 181 \\ 13 \end{array}\right\{ \begin{array}{c} 21 \\ \hline 18^{\text{liv.}} \end{array}$$

Nous avons donc pour quotient 18 liv. avec le reſte 13. Pour continuer la diviſion ſur ce reſte, je place d'abord une virgule à la droite des unités de livres, puis un zéro après le reste 13, comme dans le tableau suivant.

$$\left. \begin{array}{l} 391 \\ 181 \\ 130 \\ 40 \\ 19 \end{array} \right\} \begin{array}{l} 21 \\ \hline \text{\tiny{lv.}} \\ 18,61 \end{array}$$

Je divise ensuite 130 par 21, ce qui me donne 6, que j'écris au quotient après la virgule. Ayant multiplié 6 par le diviseur 21, à l'ordinaire, & souftrait le produit de 130, j'ai pour reste 4, après lequel je place pareillement un zéro. Je divise 40 par 21, ce qui me donne 1 avec le reste 19. Je puis pourfuivre ainfi l'opération auffi loin que je voudrai, en ajoutant un zéro après chaque reste, pour avoir un dividende dans lequel 21 foit contenu, & en écrivant au quotient le nouveau chiffre qui marquera combien de fois il y eft contenu. Mais en me bornant au quotient que je viens d'obtenir, je vois que j'ai déjà la précifion des centimes, en forte que tous les nouveaux chiffres que je pourrois me procurer au quotient, en

allant plus loin, ne vaudroient pas un centime.
Je remarque de plus que les parties fractionnaires font liées avec les unités, comme dans
tous les autres nombres qui expriment des
réfultats d'opérations fur les nouvelles mefures,
ce qui eft beaucoup plus fimple & plus
commode que l'expreffion donnée en livres,
fous & deniers, par les opérations relatives
à l'ancienne méthode.

Continuons maintenant la divifion de
manière à avoir cinq décimales au quotient.
Voici le tableau de l'opération, où il fera
facile de reconnoître la marche que nous avons
indiquée.

$$391 \left\{ \frac{21}{\overset{\text{lv.}}{18,61904}} \right.$$

$$181$$
$$130$$
$$40$$
$$190$$
$$100$$
$$16$$

On voit qu'après avoir d'abord ajouté un
zéro à la fuite de l'avant dernier refte, qui
étoit 1, pour avoir le dividende 10, il a
fallu mettre zéro au quotient, parce que 21

n'eft pas contenu dans 10, & placer tout de fuite un fecond zéro à la fuite du premier, ce qui a donné pour nouveau dividende le nombre 100, dans lequel 21 eft contenu quatre fois, avec un refte 16.

138. Dans l'ancienne méthode, lorfque les fractions qui provenoient du refte de la divifion, avoient des valeurs que l'efprit ne faififfoit pas aifément, comme $\frac{13}{49}$, $\frac{41}{77}$, $\frac{1129}{1967}$, &c., on tâchoit de les ramener à quelque fraction fimple, dont elles approchoient de très-près. Par exemple, la fraction $\frac{1129}{1967}$ ne diffère que très-peu de la fraction $\frac{4}{7}$, en forte qu'on peut lui fubftituer cette dernière, en négligeant la différence. Dans le nouveau fyftème, on néglige auffi la petite quantité qui proviendroit de l'emploi du dernier refte auquel on s'arrête. Mais on a cet avantage, que fans s'écarter de la pratique facile de la divifion ordinaire, on peut approcher encore beaucoup plus près du vrai quotient, & même d'auffi près qu'on voudra, & cela par une fuite de décimales qui ont toutes un rapport fimple les unes avec les autres. Par exemple, pour avoir

le

le vrai quotient, à moins d'un dixmillionième près de l'unité principale, on pousseroit la division jusqu'à la septième décimale, qui exprime des dixmillionièmes.

En résumant tout ce qui vient d'être dit, on peut en déduire cette règle générale, pour tous les cas où le dividende & le diviseur sont des nombres entiers.

Règle.

139. Après avoir employé tous les chiffres du dividende, placez une virgule à la suite du quotient, puis un zéro à la suite du dernier reste, & continuez la division en ajoutant de même un zéro à la suite de tous les autres restes.

Exemples où le Dividende a des décimales.

Règle.

140. Après avoir employé à l'ordinaire tous les chiffres du dividende, séparez d'abord autant de chiffres à droite dans le quotient, à l'aide de la virgule & de l'indicateur de l'unité, qu'il y a de décimales au dividende.

Instruction abrégée.   H

Placez un zéro à la suite du dernier reste, &
continuez comme il a été dit (137 & 139).

141. *Exemple.* Soit proposé de diviser
67,95^mt. par 32, avec 5 décimales au quotient.

$$
\begin{array}{r|l}
67,95 & 32 \\
\hline
39 & 2,12343^{mt.} \\
75 & \\
110 & \\
140 & \\
120 & \\
24 &
\end{array}
$$

Lorsque vous avez eu employé tous les
chiffres du dividende, le quotient étoit 212.
Vous avez d'abord séparé, à l'aide de la
virgule & de l'indicateur du mètre, les deux
derniers chiffres de ce quotient, qui est
devenu 2,12^mt. Vous avez placé un zéro à la
suite du reste 11, ce qui vous a donné 110
à diviser par 32, après quoi vous avez con-
tinué l'opération, en ajoutant de même un
zero à la suite de chaque reste.

142. *Autre exemple.* 11,45^mt. d'étoffe ont
coûté 342,998^lv.. On demande à combien

revient chaque mètre, en pouſſant la diviſion juſqu'aux dixièmes de centime.

Vous reculez d'abord la virgule de deux rangs vers la droite, dans les deux nombres propoſés, pour n'avoir plus de décimales au diviſeur (132). Ce qui vous donne 34299,8$^{lv.}$ à diviſer par 1145.

$$\begin{array}{r|l} 34299,8 & 1145 \\ \hline 11399 & 29,956^{lv.} \\ 10948 & \\ 6430 & \\ 7050 & \\ 180 & \end{array}$$

Le quotient fait connoître que le prix du mètre eſt de 29 livres, 95 centimes $\frac{6}{10}$.

143. Pour avoir un rapprochement tiré de l'ancien ſyſtème, il faudroit prendre une queſtion ſemblable à la ſuivante ; 12 toiſes 5 pieds 8 pouces d'un certain ouvrage ont coûté 527^{tt} 9^{ſ} 10^{d} : on demande le prix de chaque toiſe. En faiſant l'opération, on trouveroit pour le prix cherché 40^{tt} 15^{ſ} & $\frac{24}{233}^{d}$, qui valent à peu-près $\frac{1}{9}$ de denier. Mais la ſeule

vue des deux nombres propofés fuffit pour faire juger combien la comparaifon eft à l'avantage du nouveau fyftème.

Exemples où le divifeur eft plus grand que le dividende.

144. Dans ces fortes de divifions, le quotient eft néceffairement toujours moindre que l'unité, ou, ce qui revient au même, il exprime une fraction de l'unité. Telle feroit une divifion qui confifteroit, d'après l'ancien fyftème, à partager 7^{tt} en 25 petites fommes égales. On trouveroit, en faifant les réductions ordinaires, que chaque partie eft 5^{f} 7^{d} $\frac{1}{5}$.

145. Il eft aifé de réfoudre, par la nouvelle méthode, les queftions du même genre, en pratiquant ce que nous avons indiqué plus haut (137), par rapport au refte que laiffoit la divifion, lorfqu'on avoit employé tous les chiffres du dividende.

Exemple. Servons-nous encore de l'exemple précédent pour divifer 7^{lv} entre 25 citoyens, en confidérant la livre comme compofée de décimes & de centimes.

$$
\begin{array}{r|l}
7 0 & 2 5 \\
\hline
2 0 0 & \overset{\text{liv.}}{0,28} \\
0 0 0 &
\end{array}
$$

Après avoir écrit 7 comme dividende & 25 comme divifeur, je dis, en 7 combien de fois 25 ? il n'y eft pas. Je pofe zéro au quotient, avec l'indicateur de la livre, & une virgule à la fuite, pour marquer qu'il n'y a pas d'unités de livre. Je place enfuite un nouveau zéro après le dividende 7, & je divife 70 par 25, ce qui me donne 2 que j'écris au quotient, à la droite de la virgule, avec le refte 20, à côté duquel je place pareillement un zéro. Je divife 200 par 25, ce qui me donne une feconde décimale 8 ; & comme il n'y a point de refte, j'en conclus que la part de chaque citoyen eft exactement de 28 centimes.

S'il y avoit un nouveau refte, on le feroit fuivre d'un zéro, & l'on continueroit l'opération, toujours en fuivant la même marche.

H 3

146. *Autre exemple.* On propose de diviser cinq mètres en douze parties égales.

$$\begin{array}{r|l} 50 & 12 \\ \hline 20 & \overset{\text{mt.}}{0{,}4166} \\ 80 \\ 80 \end{array}$$

En opérant comme pour l'exemple précédent, on trouve qu'après la troisième décimale, le même reste revient continuellement, & par conséquent le même chiffre reparoîtra aussi toujours au quotient; en sorte que sans pourfuivre la divifion, on peut fe contenter d'écrire le chiffre 6 à côté de lui-même, autant de fois qu'on le voudra, pour approcher toujours de plus en plus du véritable quotient, ce qui eft très-commode.

147. *Autre exemple.* 32 gravets d'une certaine marchandife ont été payés $18{,}5$ en totalité. On demande à combien revient chaque gravet, en pouffant la divifion jufqu'aux dixièmes de centime.

$$\begin{array}{r|l} 18{,}5 & 32 \\ \hline 250 & \overset{\text{lv.}}{0{,}578} \\ 260 \\ 4 \end{array}$$

Quoiqu'il y ait ici plus de chiffres au dividende qu'au diviseur, cependant le premier nombre eſt réellement plus petit que l'autre, puiſqu'il n'exprime que 18 unités $\frac{5}{10}$, au lieu que le diviſeur vaut 32 unités. En diviſant 185 par 32, ſans faire attention à la virgule, comme il a été dit (140), vous trouveriez d'abord 5 au quotient, avec un reſte 25, & pour ſéparer dans ce quotient une décimale au moyen de la virgule, parce que le dividende a lui-même une décimale, vous placeriez la virgule avant le 5, & vous la feriez précéder d'un zéro avec l'indicateur de la livre, puis vous continueriez la diviſion, en plaçant un zéro à la ſuite du reſte 25, & en diviſant 250 par 32.

148. Mais dans ces ſortes de cas, où vous ſavez d'avance qu'il n'y aura point d'unités au quotient, & où le dividende a des décimales, on a une manière plus ſimple & plus directe de faire la diviſion, en ſe conduiſant toujours comme dans les deux premiers exemples (146 & 147).

Ainſi je prends d'abord pour dividende ſeulement le nombre 18 qui précède la virgule,

& trouvant que 32 n'est pas contenu dans 18, je marque zéro au quotient, avec l'indicateur de la livre, & une virgule à côté. Je prends ensuite un chiffre de plus au dividende, & je divise 185 par 32, ce qui me donne 5 que j'écris au quotient après la virgule, puis je continue comme il a été dit plus haut (140).

149. *Autre exemple.* On voudroit savoir à quoi est égale la 16.e partie de 0,07^{mt}, à moins d'un dix-millième de mètre près, c'est-à-dire, qu'il faut prendre quatre décimales au quotient.

$$0,070^{mt} \left\{ \begin{array}{l} 16 \\ \hline 0,0043^{mt} \end{array} \right.$$
$$60$$
$$12$$

Pour suivre toujours la même méthode, je dis d'abord en zéro combien de fois 16 ? & comme il y est zéro de fois, j'écris au quotient zéro avec l'indicateur du mètre & une virgule à côté. Je prends ensuite un chiffre de plus au dividende, & comme ce chiffre est encore un zéro, j'écris au quotient zéro pour première décimale. Prenant au dividende un nouveau chiffre qui eft 7, & trouvant que le divifeur 16 n'eft pas contenu dans 7, j'ai de même zéro pour feconde décimale. Je mets alors un zéro au dividende après le 7, & je divife 70 par 16, qui s'y trouve contenu 4 fois, ce qui me donne 4 pour 3.e décimale, puis je continue à l'ordinaire. Le quotient me fait connoître que la 16.e partie de 7 centimètres eft 4 millimètres $\frac{3}{10}$, avec un refte moindre qu'un dixième de millimètre, ou qu'un dix-millième de mètre.

VI. DIVERSES QUESTIONS SUR LES MESURES RÉPUBLICAINES.

PREMIÈRE QUESTION.

150. Un citoyen a acheté 325 cadils d'une certaine efpèce de vin, pour le prix total de 677,75$^{lv.}$. Il a d'une autre part 150 cadils d'une autre efpèce de vin, qui lui ont coûté 695 livres. Ayant mêlé enfemble les deux quantités de vin, il défire favoir combien il doit vendre le cadil de ce vin mélangé, pour retirer fes frais.

Ajoutez d'abord les nombres de cadils, l'un à l'autre.

$$325^{cl.}$$
$$150$$

Total...... $475^{cl.}$

Ajoutez de même les deux prix.

$$677,75^{lv.}$$
$$695$$

Total...... $1372,75^{lv.}$.

Divisez le prix total des deux quantités de vin, par le nombre total des cadils.

$$\begin{array}{r|l} 1372,75 & 475 \\ \hline 4227 & 2,89^{lv.} \\ 4275 & \\ 000 & \end{array}$$

Le quotient fait voir qu'il n'y a rien à perdre, en vendant $2,89^{lv.}$ le cadil de vin mélangé.

SECONDE QUESTION.

151. On veut tapisser une chambre avec une espèce d'étoffe dont le lé a $0,6^{mt.}$ de largeur. La hauteur de la tapisserie doit être

de 2,5 , & la fomme de toutes les largeurs des endroits où elle doit être appliquée eft de 9,25. On demande combien il faudra de mètres d'étoffe ?

Cherchez d'abord combien il y a de lés contenus dans la largeur totale, en divifant 9,25 par 0,6 , & en prenant deux décimales au quotient.

$$
\begin{array}{r|l}
9,25 & 6 \\
\hline
32 & 15,41 \\
25 & \\
10 & \\
4 &
\end{array}
$$

Multipliez enfuite par le quotient trouvé, la hauteur commune 2,5.

$$
\begin{array}{r}
15,41 \\
2,5 \\
\hline
7705 \\
3082 \\
\hline
38,525.
\end{array}
$$

Le produit indique la longueur de l'étoffe, fauf à prendre quelque chofe de plus, pour éviter les fauffes coupes.

TROISIÈME QUESTION.

152. On a pefé un dixième de cadil ou un décicadil d'abord vide, & enfuite après l'avoir rempli d'huile d'olive. La différence des pefées a donné pour le poids de l'huile, 0,0915$^{gv.}$. On demande combien il y auroit de graves de la même huile contenus dans un décicade?

Le dixième du cadil eft la millième partie du décicade (41), & ainfi pour avoir le poids cherché, il ne s'agit que de multiplier 0,0915$^{gv.}$ par 1000, ce qui fe fait tout d'un coup (100), en reculant la virgule de trois rangs vers la droite. Le poids de l'huile contenue dans le centicade fera donc de 91,5$^{gv.}$.

QUATRIÈME QUESTION.

153. Une certaine quantité de marchandife du poids d'un centibar a coûté 55 liv. On demande combien coûtera le décigrave de la même denrée.

Le centibar vaut 100 décigraves (51), d'où il fuit que pour avoir le prix cherché, il faut divifer 55 liv. par 100, ce que l'on fera (130) en reculant de deux rangs vers la gauche, la virgule que l'on peut suppofer après les unités, & ainfi le prix du décigrave fera 0,55.$^{lv.}$

154. Un citoyen ayant cédé à un autre 12 mètres de toile de 0,9$^{mt.}$ de largeur, à condition que celui-ci les lui rendroit en nature dans une autre occafion, confent à recevoir en échange de la toile demême qualité qui n'a que 0,75$^{mt.}$ de largeur. Combien l'emprunteur doit-il rendre de mètres de cette dernière toile, pour que la longueur compenfe la largeur?

Multipliez 12 mètres par 0,9 pour avoir la furface de la toile prêtée, évaluée en mètres carrés.

$$12^{mt.}$$
$$0,9$$
$$\overline{}$$
Produit..... $10,8.^{mt.q.}$

Maintenant la furface de la toile à rendre en échange peut être confidérée comme un rectangle qui contiendroit auffi 10,8$^{mt.q.}$, & dont un des côtés feroit égal à la largeur 0,75$^{mt.}$ de la toile dont il s'agit. Donc en divisant $10,8$ mt. par $0,75$, on aura l'autre côté qui donnera la longueur de cette même toile.

$$
\begin{array}{r|l}
1080 & 75 \\
\hline
330 & 14,4 \text{ mt.} \\
300 & \\
000 &
\end{array}
$$

C'est-à-dire qu'il faudra rendre en échange 14 mètres 4 dixièmes de toile.

SIXIÈME QUESTION.

155. On veut faire construire une cloison à claire-voie, ou sans rainure, en bois de sapin. Cette cloison doit avoir $3,9$ mt. de hauteur sur $5,2$ mt. de largeur. Le prix du mètre carré façonné est de $5,5$ lv. On demande 1.º combien on emploîra de planches de $3,9$ mt. de hauteur chacune, sur $0,27$ mt. de largeur? 2.º Combien coûtera la cloison?

Pour résoudre la première question, observez que la hauteur de la cloison étant égale à celle de chaque planche, il n'y aura aucun déchet à cet égard. Cela étant, divisez la largeur totale 5,2^mt. par le nombre 0,27 qui exprime la largeur de chaque planche, en vous bornant à deux décimales.

$$\begin{array}{c|c} 520 & 27 \\ \hline 250 & 19,25 \\ 70 & \\ 1.60 & \\ 25 & \end{array}$$

Le quotient indique qu'il faudra employer 19 planches, avec une alaise, c'est-à-dire, une portion de planche refendue en longueur, qui aura un peu plus de 25 centièmes ou d'un quart de la largeur commune.

SEPTIÈME QUESTION.

156. On fait que la folidité d'un mur eſt de 542,25^mt.c.. Ayant meſuré la longueur & l'épaiſſeur, on a trouvé la première de 96,4^mt., & la feconde de 0,9^mt.. On voudroit connoître la hauteur, fans être obligé de la meſurer.

Le mur ayant la forme d'un parallélipipède rectangle, ſi l'on prend pour baſe la ſurface inférieure de la première aſſiſe, la hauteur du parallélipipède ne ſera point diſtinguée de celle du mur.

Or en multipliant . . . . $96,4^{mt}$

par . . . . $0,9$

on trouve pour la furface de la bafe $86,76^{mt.q.}$

Maintenant fi l'on divife la folidité par le nombre qui exprime la furface de la bafe, on aura la hauteur cherchée.

$$\frac{54225}{\left.\begin{array}{c} 21690 \\ 43380 \\ 0000 \end{array}\right\}} \quad \left\{\begin{array}{c} 8676 \\ \hline 6,25^{mt} \end{array}\right.$$

C'eft-à-dire, que le mur a 6 mètres & 25 centimètres de hauteur.

VII. DES FORMES ET DES DIMENSIONS DES MESURES RÉPUBLICAINES.

157. Les mefures linéaires ont une dimen-fion effentielle, qui eft donnée immédiatement par le fyftème, favoir leur longueur. Les autres dimenfions, comme la largeur & l'épaif-feur, peuvent être abandonées au goût de l'artifte. Seulement il convient de donner au mètre employé pour la mefure des étoffes,

une

une forme carrée, femblable à celle de l'ancienne aune, ainfi que nous l'avons déjà
remarqué (24).

158. Quant aux poids, nous avons indiqué
pareillement (54) la forme de ceux que
la Commiffion a fait exécuter depuis le décigrave jufqu'au gravet inclufivement. Cette
forme eft celle d'un cylindre court, dont la
furface latérale a été arrondie en forme de
bourrelet, & qui eft percé dans fon milieu,
d'un trou circulaire, dans lequel entre la
brochette deftinée à enfiler toutes les fousdivifions du grave, pour en rendre l'af-
fortiment plus portatif. Les diamètres des
ouvertures varient auffi fuivant les poids, en
forte que la brochette eft compofée fucceffivement de trois cylindres de différentes épaif-
feurs qui correfpondent, l'un à l'enfemble des
décigraves, le fecond à celui des centigraves,
le dernier à celui des gravets. L'extrémité
fupérieure de la brochette eft garnie d'un
pas de vis, pour recevoir une virole qui fert
à maintenir tous les poids par la preffion, &
à les empêcher de jouer. Voici à peu-près

les dimensions qui ont lieu dans un assortiment de poids que le citoyen Fourché,
balancier-essayeur de la monnoie, a présenté
à la Commission.

	Diamètre total.	Diamètre de l'ouver- ture du milieu.
1.° Pour le décigrave,	0,06.	0,01.
2.° Pour le centigrave,	0,027.	0,007.
3.° Pour le gravet, . . .	0,012.	0,004.

La hauteur dépend ensuite de la pesanteur
spécifique du métal employé à la fabrication
des poids.

159. Mais il est un genre de mesures
dont la forme & les dimensions ont fixé plus
particulièrement l'attention de la Commission.
Ce sont les mesures de capacité, tant pour
les grains que pour les liquides. La Commission a senti combien il seroit intéressant
d'imprimer à ces mesures tous les caractères
d'uniformité dont elles sont susceptibles, en
déterminant d'une manière invariable leur
forme, leurs dimensions respectives & les
sousdivisions intermédiaires que l'on pourroit
ajouter, pour la facilité du commerce, à celles

qui font dans l'ordre décimal du fyftème. Elle a jugé auffi devoir ramener à une grande fimplicité l'enfemble de la forme & le rapport de fes dimenfions.

En conféquence, après s'être concertée avec les artiftes qui ont bien voulu l'aider de leurs obfervations, elle a réglé, 1.° que la contenance des mefures intermédiaires au-deffous du centicade ne pourroit être que la moitié ou le cinquième de celle d'une des mefures primitives données directement par le fyftème; 2.° que toutes les mefures auroient la forme d'un cylindre creux; 3.° que dans les mefures à grains, le diamètre de la bafe feroit égal à la hauteur; 4.° que les mefures de liquides auroient une hauteur double du diamètre de la bafe, fauf la petite différence produite par l'addition d'un bec, pour la facilité du tranf-vafement. Déjà les artiftes potiers d'étain d'une part, & les artiftes boiffeliers de l'autre, ont mis fous les yeux de la Commiffion des modèles très-bien exécutés conformément à ces déterminations. Il en réfultera cet avantage, que chacun pourra s'affurer, même à l'aide d'un fimple bâton, que la capacité n'a point été altérée, parce que la longueur du diamètre qui n'est pas susceptible de diminution, servira de garantie à la hauteur, & ainsi la mesure offrira par elle-même un moyen prompt & facile de vérification.

Le calcul fait d'après les données que nous venons d'exposer, conduit aux dimensions suivantes, que nous exprimerons d'une part en mètres & en parties décimales du mètre, & de l'autre en lignes & en parties décimales de la ligne.

1.° *Mesures de grains.*

Hauteur & diamètre de la base.

1.° Pour le quadruple centicade... $\begin{cases} 0,37066. \text{ mt.} \\ 164,372. \text{ l.} \end{cases}$

2.° Pour le double centicade..... $\begin{cases} 0,2942. \text{ mt.} \\ 130,46. \text{ l.} \end{cases}$

3.° Pour le centicade.......... $\begin{cases} 0,2335. \text{ mt.} \\ 103,5477. \text{ l.} \end{cases}$

4.° Pour le demi-centicade...... $\begin{cases} 0,18533. \text{ mt.} \\ 82,186. \text{ l.} \end{cases}$

5.° Pour le cinquième du centicade. $\begin{cases} 0,13655. \text{ mt.} \\ 60,555. \text{ l.} \end{cases}$

6.º Pour le cadil . . . . $\left\{\begin{array}{l}\text{mt.}\\0,10838.\\ \text{l.}\\48,062.\end{array}\right.$

7.º Pour le demi-cadil . . . . $\left\{\begin{array}{l}\text{mt.}\\0,086025.\\ \text{l.}\\38,147.\end{array}\right.$

8.º Pour le cinquième du cadil . . . $\left\{\begin{array}{l}\text{mt.}\\0,063384.\\ \text{l.}\\28,107.\end{array}\right.$

9.º Pour le décicadil . . . . $\left\{\begin{array}{l}\text{mt.}\\0,050307.\\ \text{l.}\\22,308.\end{array}\right.$

10.º Pour le demi-décicadil, ou le vingtième du cadil . . . . $\left\{\begin{array}{l}\text{mt.}\\0,039929.\\ \text{l.}\\17,706.\end{array}\right.$

2.º, Mesures de liquides.

	Diamètre de la base.	Hauteur.
1.º Pour le cadil	$\left\{\begin{array}{l}\text{mt.}\\0,086025..\\ \text{l.}\\38,147...\end{array}\right.$	$\begin{array}{l}\text{mt.}\\0,172050.\\ \text{l.}\\76,294.\end{array}$
2.º Pour le demi-cadil.	$\left\{\begin{array}{l}\text{mt.}\\0,068278..\\ \text{l.}\\30,277...\end{array}\right.$	$\begin{array}{l}\text{mt.}\\0,136556.\\ \text{l.}\\60,554.\end{array}$
3.º Pour le cinquième du cadil	$\left\{\begin{array}{l}\text{mt.}\\0,050307..\\ \text{l.}\\22,308...\end{array}\right.$	$\begin{array}{l}\text{mt.}\\0,100614.\\ \text{l.}\\44,616.\end{array}$
4.º Pour le décicadil. .	$\left\{\begin{array}{l}\text{mt.}\\0,039929..\\ \text{l.}\\17,706...\end{array}\right.$	$\begin{array}{l}\text{mt.}\\0,079858.\\ \text{l.}\\35,412.\end{array}$
5.º Pour le demi-décicadil, ou le vingtième du cadil.	$\left\{\begin{array}{l}\text{mt.}\\0,031692..\\ \text{l.}\\14,053...\end{array}\right.$	$\begin{array}{l}\text{mt.}\\0,063384.\\ \text{l.}\\28,106.\end{array}$

VIII. DISPOSITION ET USAGE DES TABLES DE RÉDUCTION DES ANCIENNES MESURES AUX NOUVELLES.

160. Dans le paffage des anciennes mefures aux nouvelles, il y aura de continuelles réductions à faire des unes aux autres, pour que la proportion fe foutienne entre le prix & la quantité des objets de commerce. Ainfi il faudra que le marchand qui débite des étoffes puiffe connoître combien de mètres équivalent à un nombre d'aunes déterminé ; combien, à raifon de tel prix pour une aune ou pour un certain nombre d'aunes de telle étoffe, il doit vendre chaque mètre, ou un nombre égal de mètres de la même étoffe, &c. Celui qui vendoit au poids aura befoin de connoître de même le rapport entre une livre ou un nombre donné de livres poids de marc, & le grave, ou un égal nombre de graves, ainfi qu'entre les prix des quantités de marchandife qui correfpondent à l'un & à l'autre. L'artifte qui mefuroit fes ouvrages au pied ou à la toife, l'arpenteur qui calculoit les grandeurs des terrains, feront pareillement intéreffés

le premier à savoir ce qui répond, dans le nouveau syſtème, à telle longueur, telle ſurface, telle ſolidité évaluée d'après l'ancien toiſé; le ſecond, à trouver combien de mètres carrés équivalent à tant de perches carrées, & par une ſuite néceſſaire, combien d'ares, de déciares, de centiares équivalent à tel nombre donné d'arpens, &c.

Les tables ſuivantes ſont deſtinées à faciliter les réductions dont il s'agit, en n'exigeant qu'une ſimple addition, pour en obtenir le réſultat, ou même en les offrant immédiatement, lorſque les nombres que l'on compare ſont peu conſidérables.

161. Ces tables ſont au nombre de douze, dont voici l'énumération, avec les numéros de renvoi aux articles de cette inſtruction, dans leſquels nous avons expoſé les réſultats qui leur ſervent de baſe. La première ſe rapporte aux meſures linéaires (8 & ſuiv.); la ſeconde, à la diviſion de la circonférence du cercle (19); la troiſième, à la diviſion du jour (21); la quatrième, à la meſure des ſurfaces en général (29); la cinquième, aux meſures

14

agraires (31 & fuiv.) ; la fixième, aux me-fures des folides en général (35) ; la feptième, aux mefures de capacité (36 & fuiv.) ; la huitième, aux poids (45 & fuiv.) ; la neuvième , aux monnoies (58) ; la dixième donne la réduction du prix de l'aune de telle étoffe, au prix du mètre de la même étoffe; la onzième donne la réduction du prix de la livre, poids de marc, de telle marchandife, au prix du grave de la même marchandife ; la douzième concerne la converfion des fractions ordinaires en fractions décimales.

162. Les nombres qui proviennent des deux fyftèmes, fe correfpondent fur deux colonnes collatérales ; l'une à gauche pour les anciennes mefures, l'autre à droite pour les nouvelles.

En fuivant la colonne à gauche de haut en bas, on trouve d'abord les dernières fractions de l'unité de chaque efpèce de mefure ancienne, comme les lignes, lorfqu'il s'agit de mefures de longueur ; les grains, lorfqu'il s'agit de poids , &c. ; puis les fractions d'un ordre immédiatement fupérieur, comme les

pouces ou les gros dans les mêmes cas, &
ainſi de ſuite juſqu'aux unités.

Les fractions de chaque ordre ſe ſuivent
ordinairement ſans interruption, c'eſt-à-dire,
par exemple, que les lignes forment une
ſérie continue depuis 1 juſqu'à 11, le terme
ſuivant étant le pouce; les pouces pareillement
depuis 1 juſqu'à 11, le terme ſuivant étant le
pied, &c.

Quant aux unités ſimples, on les a auſſi
diſpoſées d'une manière continue, depuis 1
juſqu'à 10, après quoi elles ſe ſuivent par
dixaines dans cet ordre, 10, 20, 30, 40, &c.;
puis par centaines, enſuite par mille, &c. (a).
Nous donnerons dans un inſtant la manière
d'obtenir, à l'aide de cet arrangement, les
réductions demandées.

Les nombres qui répondent aux précédens
ſur la colonne relative aux nouvelles meſures,
ſont tous diſtingués en deux parties, au moyen

(a) Dans les tables relatives à la diviſion du cercle
& du jour, les unités ſe ſuivent ſans interruption, d'une
part, depuis un degré juſqu'à 90, & de l'autre, depuis
une heure juſqu'à 24.

d'une virgule qui fépare les unités des décimales. Le nom de l'unité principale fe trouve
en tête de la colonne, & doit être toujours
fousentendu au-deffus du chiffre qui précède
immédiatement la virgule. Par exemple, le
nombre 1753,5553, qui, dans la première
table, termine la feconde colonne, doit être
lu comme s'il y avoit 1753,5553^{mt.}

163. Dans la neuvième table qui donne la
réduction du prix des monnoies, on a fuivi une
difpofition particulière. Cette table eft diftri-
buée comme les tables de multiplication
connues en arithmétique. Les fous font rangés
depuis 1 jufqu'à 19., fur une même bande
verticale qui occupe le bord de cette table à
gauche. Les deniers font pareillement rangés
fur une même bande horizontale qui occupe
le haut de la table. Il en réfulte que le nombre
de décimes & de centimes qui répond à un
nombre donné de fous & de deniers, fe trouve
fitué à la fois vis-à-vis du nombre des fous
& de celui des deniers, ainfi qu'on le verra
encore plus clairement d'après l'exemple que
nous citerons dans un inftant.

164. Quant à la livre de compte, elle n'a besoin d'aucune réduction, parce que sa valeur est la même jusqu'ici dans l'un & l'autre système.

E X E M P L E S.

Table I.

165. On propose de réduire 546 toises 4 pieds 9 pouces en mètres & en parties décimales du mètre. . . . .

Cherchez successivement dans les colonnes relatives aux anciennes mesures les nombres indiqués par les différentes valeurs des chiffres pris de gauche à droite, c'est-à-dire, les nombres 500^T, 40^T, 6^T, &c. Prenez les nombres correspondans sur les colonnes qui appartiennent au nouveau système ; écrivez ces nombres l'un au-dessous de l'autre, comme il a été dit (87), & faites-en l'addition.

Voici le tableau de l'opération :

	mt.
500^T répondent à. . . .	974,1974
40.	77,9358
6.	11,6904
4^P.	1,2989
9^P. . .	0,2435
Résultat de la réduction	1065,3660.

Table II.

166. Quel est le nombre de degrés, de minutes & de secondes de la nouvelle division du cercle, qui équivaut à 75^d $14'$ $9''$ de l'ancienne?

75^d de l'ancien cercle répondent

à.......................... $83^d,333333$ du nouveau.
$14'$......... $0,259259$
$9''$..... $0,002778$

Résultat de la réduction $83^d,595370$.

Table III.

167. Quelle heure donne la nouvelle division du jour, lorsqu'il est 9^h $45'$ $20''$ du matin, suivant l'ancienne?

9^h du nouveau jour répondent

à.................... $3^h,750000$ de l'ancien.
$45'$............ $0,312500$
$20''$........ $0,002315$

Résultat de la réduction $4^h,064815$.

C'est-à-dire, à peu-près.. 4^h $6'$ $48''$ $\frac{1}{6}$.

Table IV.

168. Une surface évaluée d'après les anciennes mesures, a donné 214^{TT} 5^{TP} 4^{Tp} 6^{Tl}. On demande combien elle contient de mètres carrés & de parties décimales du mètre carré?

$$
\begin{array}{rl}
200^{TT} \text{ répondent à} \dots & 759,2485 \text{ (mt.q.)}\\
10 \dots & 37,9624\\
4 \dots & 15,1850\\
5^{TP} \dots & 3,1635\\
4^{Tp} \dots & 0,2109\\
6^{Tl} \dots & 0,0264\\
\end{array}
$$

Résultat de la réduction. $815,7967$ (mt.q.)

Table V.

169. Combien un terrain égal à 250 arpens, de 100 perches carrées chacun, la perche étant de 22 pieds, renferme-t-il d'ares & de parties décimales de l'are?

$$
\begin{array}{rl}
200 \text{ arpens répondent à} & 1020767,3887 \text{ (mt.q.)}\\
50 \dots & 255191,8472\\
\end{array}
$$

Total en mètres carrés.. $1275959,2359$ (mt.q.)

Or l'are vaut dix mille mètres carrés

(31), donc le terrain proposé renferme 127,596, en se bornant à trois décimales. (Voyez 104).

Table VI.

170. Un massif de maçonnerie étoit évalué dans l'ancien système, $32^{TTT.}$ $4^{TTP.}$ $5^{TTp.}$; on propose d'en trouver la solidité, en prenant le mètre cubique pour unité de mesure.

$30^{TTT.}$ répondent à	$221,8974$ mt.c
2	$14,7932$
$4^{TTP.}$	$4,9311$
$5^{TTp.}$	$0,5137$
Résultat de la réduction	$242,1354.$ mt.c

Table VII.

171. On demande combien 325 pintes, mesure de Paris, valent de cadils ?

300 pintes répondent à ..	$285,3618$ cl.
20	$19,0241$
5	$4,7560$
Résultat de la réduction ...	$309,1419.$ cl.

Table VIII.

172. On propose de trouver le nombre de graves & de parties décimales du grave, qui répond à 1856 livres poids de marc.

$$
\begin{array}{lr}
1000 \text{ livres répondent à} \dots & 48\overset{\text{gv.}}{9},1460 \\
800 \dots & 391,3168 \\
50 \dots & 24,4573 \\
6 \dots & 2,9349 \\
\hline
\text{Résultat de la réduction} \dots & 90\overset{\text{gv.}}{7},8550.
\end{array}
$$

On a fait une petite pesée qui a donné 5 onces 4 gros 54 grains $\frac{3}{4}$. On demande l'équivalent en parties décimales du grave.

$$
\begin{array}{lr}
5 \text{ onces répondent à} \dots & \overset{\text{gv.}}{0},1528581 \\
4 \text{ gros} \dots & 0,0152858 \\
50 \text{ grains} \dots & 0,0026538 \\
4 \dots & 0,0002123 \\
\tfrac{3}{4} \dots & 0,0000398 \;(a) \\
\hline
\text{Résultat de la réduction} \dots & \overset{\text{gv.}}{0},1710498.
\end{array}
$$

(a) Pour avoir ce nombre, qui ne se trouve pas immédiatement dans la table, il faut ajouter $\frac{1}{2}$ grain à $\frac{1}{4}$ de grain.

Table I X.

173. On propofe de convertir une fomme de 2354^{tt} 17^f 8^d en une autre de même valeur, compofée de livres, décimes & centimes.

La valeur de la livre étant la même de part & d'autre, il ne s'agit que d'avoir le nombre de décimes & de centimes qui eft égal à 17^f 8^d. Pour y parvenir, cherchez le nombre 8 des deniers, dans la partie fupérieure de la table, & defcendez le long de la bande verticale qui commence par ce nombre, jufqu'à ce que vous foyez arrivé vis-à-vis du nombre 17 placé dans la colonne des fous. Le nombre fur lequel vous ferez tombé, & qui eft 0,8833, donnera la valeur des 17^f 8^d en parties décimales de la livre. Ainfi le réfultat total de la réduction eft 2354,8833.

Table X.

174. Un marchand qui fait le commerce des étoffes, vendoit jufqu'ici une certaine efpèce

de

(145)

de drap à raiſon de 36ᵗᵗ 10ˢ 6ᵈ l'aune. Il
veut ſavoir combien il doit vendre, à proportion, le mètre du même drap.

Le prix de 30ᵗᵗ pour l'aune,

donne pour le mètre . . . . 25,2514 ˡᵛ·

6ᵗᵗ 5,0503

10ˢ 0,4209

6ᵈ 0,0210
____

Réſultat de la reduction . . . . 30,7436 ˡᵛ·

Table X I.

175. La livre poids de marc d'une certaine
marchandiſe valoit précédemment 3ᵗᵗ 12ˢ 9ᵈ.
On demande combien vaut à proportion le
grave de la même marchandiſe.

Le prix de 3ᵗᵗ pour la livre poids de marc,

donne pour le grave . . . . 6,1331 ˡᵛ·

12ˢ 1,2266

9ᵈ 0,0767
____

Réſultat de la réduction . . . . 7,4364 ˡᵛ·

Table XII.

176. Cette table donne immédiatement les valeurs de toutes les fractions dont le numérateur ne furpaffe pas 19, ou qui ne font pas des multiples de quelqu'autre fraction plus fimple.

Ainfi, l'on trouvera

qu'à $\frac{5}{11}$ répond............... 0,454545
à.. $\frac{9}{14}$ .... 0,642857.

Les exemples fuivans indiqueront la manière dont on doit fe conduire dans l'autre cas.

177. On demande la fraction décimale qui répond à $\frac{15}{27}$.

Si l'on divife par 3 le numérateur & le dénominateur de la fraction $\frac{15}{27}$, on aura pour fa plus fimple expreffion $\frac{5}{9}$, qui fe trouve dans la table, & à laquelle répond la fraction décimale 0,555555.

Quelle eft la fraction décimale qui équivaut à $\frac{12}{44}$?

Cette fraction étant divifée haut & bas par 4 devient $\frac{3}{11}$, dont la valeur en fraction décimale, indiquée par la table, eft 0,272727.

Remarque.

178. Dans les nombres qui expriment des unités simples relatives aux nouvelles me-sures, on s'eſt borné ordinairement à quatre décimales ; au lieu que dans l'expreſſion des fractions de l'unité, on a pris juſqu'à 7 décimales pour certaines tables, afin d'avoir toujours deux ou trois chiffres ſignificatifs à la ſuite des zéros donnés par les premières décimales. D'après cela, ſi l'on vouloit réduire, par exemple, au grave & à ſes ſousdiviſions, une ſomme de livres poids de marc, avec de très-petites fractions de la livre, il faudroit avoir recours à des tables plus étendues. Mais ces ſortes de cas ſont rares, parce que communément on ne tient compte des frac-tions dont il s'agit, que dans les réſultats des petites peſées, où l'unité du plus haut degré eſt l'once, & alors tous les nombres fournis par la table relative au grave ayant 7 déci-males, on peut, au moyen de cette table, obtenir une préciſion ſuffiſante.

FAUTE À CORRIGER.

Page 15, ligne 20, au lieu de *trouver*, lisez *retrouver*.

TABLE.

TABLES

POUR réduire les anciennes Mesures de longueur, de superficie & de capacité, les anciens Poids & les anciennes Monnoies en Mesures, Poids & Monnoies du nouveau système décrété par la Convention nationale.

T A B L E. Iere			M E S U R E
Lignes.	**MÈTRES.**	**Toises.**	**MÈTRES.**
1	0,0023	1	1,9484
2	0,0045	2	3,8968
3	0,0068	3	5,8452
4	0,0090	4	7,7936
5	0,0113	5	9,7420
6	0,0135	6	11,6904
7	0,0158	7	13,6388
8	0,0180	8	15,5872
9	0,0203	9	17,5356
10	0,0226	10	19,4839
11	0,0248	20	38,9679
Pouces.	————	30	58,4518
1	0,0271	40	77,9358
2	0,0541	50	97,4197
3	0,0812	60	116,9037
4	0,1082	70	136,3876
5	0,1353	80	155,8716
6	0,1624	90	175,3555
7	0,1894	100	194,8395
8	0,2165	200	389,6790
9	0,2435	300	584,5184
10	0,2706	400	779,3579
11	0,2977	500	974,1974
Pieds.	————	600	1169,0369
1	0,3247	700	1363,8764
2	0,6495	800	1558,7159
3	0,9742	900	1753,5553
4	1,2989		
5	1,6237		
6	1,9484		

LINÉAIRES.

Toises.	MÈTRES.
1000	1948,3948
2000	3896,7896
3000	5845,1844
4000	7793,5793
5000	9741,9741
6000	11690,3689
7000	13638,7637
8000	15587,1585
9000	17535,5533
10000	19483,9481
20000	38967,8963
30000	58451,8444
40000	77935,7926
50000	97419,7407
60000	116903,6889
70000	136387,6370
80000	155871,5852
90000	175355,5333
100000	194839,4815
200000	389678,9630
300000	584518,4445
400000	779357,9260
500000	974197,4075
600000	1169036,8890
700000	1363876,3705
800000	1558715,8519
900000	1753555,3334
1000000	1948394,8149

Aunes de Paris.	MÈTRES.
$\frac{1}{32}$	0,037127
$\frac{1}{16}$	0,074253
$\frac{1}{8}$	0,148507
$\frac{1}{4}$	0,297014
$\frac{1}{2}$	0,594027
$\frac{1}{24}$	0,049502
$\frac{1}{12}$	0,099005
$\frac{1}{6}$	0,198009
$\frac{1}{3}$	0,396018
1	1,1881
2	2,3761
3	3,5642
4	4,7522
5	5,9403
6	7,1283
7	8,3164
8	9,5044
9	10,6925
10	11,8805
20	23,7611
30	35,6416
40	47,5222
50	59,4027
60	71,2833
70	83,1638
80	95,0444
90	106,9249
100	118,8055
1000	1188,0548
10000	11880,5479

Table II, Pour convertir les degrés, minutes, &			
décimaux & parties			
Secondes anciennes.	DEGRÉS décimaux.	Secondes anciennes.	DEGRÉS décimaux.
1	0,000309	31	0,009568
2	0,000617	32	0,009876
3	0,000926	33	0,010185
4	0,001235	34	0,010494
5	0,001543	35	0,010802
6	0,001852	36	0,011111
7	0,002160	37	0,011420
8	0,002470	38	0,011728
9	0,002778	39	0,012037
10	0,003086	40	0,012346
11	0,003395	41	0,012654
12	0,003704	42	0,012963
13	0,004012	43	0,013272
14	0,004321	44	0,013580
15	0,004630	45	0,013889
16	0,004938	46	0,014197
17	0,005247	47	0,014506
18	0,005556	48	0,014815
19	0,005864	49	0,015123
20	0,006173	50	0,015432
21	0,006481	51	0,015741
22	0,006790	52	0,016049
23	0,007099	53	0,016358
24	0,007407	54	0,016667
25	0,007716	55	0,016975
26	0,008025	56	0,017284
27	0,008333	57	0,017593
28	0,008642	58	0,017901
29	0,008951	59	0,018210
30	0,009259	60	0,018519

secondes de l'ancienne division du cercle en degrés décimales de ces degrés.

Minutes anciennes.	DEGRÉS décimaux.	Minutes anciennes.	DEGRÉS décimaux.
1	0,018519	31	0,574074
2	0,037037	32	0,592592
3	0,055556	33	0,611111
4	0,074074	34	0,629629
5	0,092593	35	0,648148
6	0,111111	36	0,666666
7	0,129630	37	0,685185
8	0,148148	38	0,703703
9	0,166667	39	0,722222
10	0,185185	40	0,740740
11	0,203704	41	0,759259
12	0,222222	42	0,777777
13	0,240741	43	0,796296
14	0,259259	44	0,814814
15	0,277778	45	0,833333
16	0,296296	46	0,851851
17	0,314815	47	0,870370
18	0,333333	48	0,888888
19	0,351852	49	0,907407
20	0,370370	50	0,925926
21	0,388889	51	0,944444
22	0,407407	52	0,962963
23	0,425926	53	0,981481
24	0,444444	54	1,000000
25	0,462963	55	1,018519
26	0,481481	56	1,037037
27	0,500000	57	1,055556
28	0,518518	58	1,074074
29	0,537037	59	1,092592
30	0,555555	60	1,111111

Degrés anciens.	DEGRÉS décimaux.	Degrés anciens.	DEGRÉS décimaux.
1	1,111111	31	34,444444
2	2,222222	32	35,555556
3	3,333333	33	36,666667
4	4,444444	34	37,777778
5	5,555556	35	38,888889
6	6,666667	36	40,000000
7	7,777778	37	41,111111
8	8,888889	38	42,222222
9	10,000000	39	43,333333
10	11,111111	40	44,444444
11	12,222222	41	45,555556
12	13,333333	42	46,666667
13	14,444444	43	47,777778
14	15,555556	44	48,888889
15	16,666667	45	50,000000
16	17,777778	46	51,111111
17	18,888889	47	52,222222
18	20,000000	48	53,333333
19	21,111111	49	54,444444
20	22,222222	50	55,555556
21	23,333333	51	56,666667
22	24,444444	52	57,777778
23	25,555556	53	58,888889
24	26,666667	54	60,000000
25	27,777778	55	61,111111
26	28,888889	56	62,222222
27	30,000000	57	63,333333
28	31,111111	58	64,444444
29	32,222222	59	65,555556
30	33,333333	60	66,666667

& secondes de l'ancienne division du cercle en degrés décimales de ces degrés.

Degrés anciens.	DEGRÉS décimaux.	Degrés anciens.	DEGRÉS décimaux.
61	67,7777778	100	111,111111
62	68,888889	110	122,222222
63	70,000000	120	133,333333
64	71,111111	130	144,444444
65	72,222222	140	155,555556
66	73,333333	150	166,666667
67	74,444444	160	177,7777778
68	75,555556	170	188,888889
69	76,666667	180	200,000000
70	77,7777778	190	211,111111
71	78,888889	200	222,222222
72	80,000000	210	233,333333
73	81,111111	220	244,444444
74	82,222222	230	255,555556
75	83,333333	240	266,666667
76	84,444444	250	277,7777778
77	85,555556	260	288,888889
78	86,666667	270	300,000000
79	87,7777778	280	311,111111
80	88,888889	290	322,222222
81	90,000000	300	333,333333
82	91,111111	310	344,444444
83	92,222222	320	355,555556
84	93,333333	330	366,666667
85	94,444444	340	377,7777778
86	95,555556	350	388,888889
87	96,666667	360	400,000000
88	97,777778		
89	98,888889		
90	100,000000		

Secondes anciennes.	HEURES décimales.	Secondes anciennes	HEURES décimales.	Minutes anciennes.
1	0,000116	31	0,003588	1
2	0,000231	32	0,003704	2
3	0,000347	33	0,003819	3
4	0,000463	34	0,003935	4
5	0,000579	35	0,004051	5
6	0,000694	36	0,004167	6
7	0,000810	37	0,004282	7
8	0,000926	38	0,004398	8
9	0,001042	39	0,004514	9
10	0,001157	40	0,004630	10
11	0,001273	41	0,004745	11
12	0,001389	42	0,004861	12
13	0,001505	43	0,004977	13
14	0,001620	44	0,005093	14
15	0,001736	45	0,005208	15
16	0,001852	46	0,005324	16
17	0,001968	47	0,005440	17
18	0,002083	48	0,005556	18
19	0,002199	49	0,005671	19
20	0,002315	50	0,005787	20
21	0,002431	51	0,005903	21
22	0,002546	52	0,006018	22
23	0,002662	53	0,006134	23
24	0,002778	54	0,006250	24
25	0,002893	55	0,006366	25
26	0,003009	56	0,006481	26
27	0,003125	57	0,006597	27
28	0,003241	58	0,006713	28
29	0,003356	59	0,006829	29
30	0,003472	60	0,006944	30

HEURES décimales.	Minutes ancienn.	HEURES décimales.	Heures ancienn.	HEURES décimales.
0,006944	31	0,215278	1	0,416667
0,013889	32	0,222222	2	0,833333
0,020833	33	0,229167	3	1,250000
0,027778	34	0,236111	4	1,666667
0,034722	35	0,243056	5	2,083333
0,041667	36	0,250000	6	2,500000
0,048611	37	0,256944	7	2,916667
0,055556	38	0,263889	8	3,333333
0,062500	39	0,270833	9	3,750000
0,069444	40	0,277778	10	4,166667
0,076389	41	0,284722	11	4,583333
0,083333	42	0,291667	12	5,000000
0,090278	43	0,298611	13	5,416667
0,097222	44	0,305556	14	5,833333
0,104167	45	0,312500	15	6,250000
0,111111	46	0,319444	16	6,666667
0,118056	47	0,326389	17	7,083333
0,125000	48	0,333333	18	7,500000
0,131944	49	0,340278	19	7,916667
0,138889	50	0,347222	20	8,333333
0,145833	51	0,354167	21	8,750000
0,152778	52	0,361111	22	9,166666
0,159722	53	0,368056	23	9,583333
0,166667	54	0,375000	24	10,000000
0,173611	55	0,381944		
0,180556	56	0,388889		
0,187500	57	0,395833		
0,194444	58	0,402778		
0,201389	59	0,409722		
0,208333	60	0,416667		

Toises-points	Mètres carrés.	Toises-pouces	Mètres carrés.
1	0,000366	7	0,369079
2	0,000732	8	0,421805
3	0,001098	9	0,474530
4	0,001465	10	0,527256
5	0,001831	11	0,579981
6	0,002197	*Toises-pieds.*	
7	0,002563	1	0,632707
8	0,002929	2	1,265414
9	0,003295	3	1,898121
10	0,003661	4	2,530828
11	0,004028	5	3,163535
Toises-lignes		*Toises carrées*	
1	0,004394	1	3,796242
2	0,008788	2	7,592485
3	0,013181	3	11,388727
4	0,017575	4	15,184969
5	0,021969	5	18,981212
6	0,026363	6	22,777454
7	0,030757	7	26,573696
8	0,035150	8	30,369939
9	0,039544	9	34,166181
10	0,043938	10	37,962424
11	0,048332	20	75,924847
Toises-pouces		30	113,887271
1	0,052726	40	151,849694
2	0,105451	50	189,812118
3	0,158177	60	227,774541
4	0,210902	70	265,736965
5	0,263628	80	303,699388
6	0,316354	90	341,661812

Toises carrées.	MÈTRES CARRÉS.	Pieds carrés.	MÈTRES CARRÉS.
100	379,6242	1	0,105451
200	759,2485	2	0,210902
300	1138,8727	3	0,316354
400	1518,4969	6	0,632707
500	1898,1212	12	1,265414
600	2277,7454	18	1,898121
700	2657,3696	24	2,530828
800	3036,9939	30	3,163535
900	3416,6181	36	3,796242
1000	3796,2424	Pouces carrés.	
2000	7592,4847	1	0,000732
3000	11388,7271	2	0,001465
4000	15184,9694	3	0,002197
5000	18981,2118	6	0,004394
6000	22777,4541	12	0,008788
7000	26573,6965	18	0,013181
8000	30369,9388	36	0,026363
9000	34166,1812	72	0,052726
10000	37962,4235	144	0,105451
20000	75924,8471	Lignes carrées.	
30000	113887,2706	1	0,000005
40000	151849,6942	2	0,000010
50000	189812,1177	3	0,000015
60000	227774,5413	6	0,000031
70000	265736,9648	12	0,000061
80000	303699,3884	18	0,000092
90000	341661,8119	36	0,000183
100000	379624,2355	72	0,000366
1000000	3796242,3549	144	0,000732

Perches carrées.	MÈTRES CARRÉS.	Arpens.	MÈTRES CARRÉS.
1	34,1662	10	34166,1812
2	68,3324	20	68332,3624
3	102,4985	30	102498,5436
4	136,6647	40	136664,7248
5	170,8309	50	170830,9060
6	204,9971	60	204997,0871
7	239,1633	70	239163,2683
8	273,3294	80	273329,4495
9	307,4956	90	307495,6307
10	341,6618	100	341661,8119
20	683,3236	200	683323,6239
30	1024,9854	300	1024985,4358
40	1366,6472	400	1366647,2477
50	1708,3091	500	1708309,0597
60	2049,9709	600	2049970,8716
70	2391,6327	700	2391632,6836
80	2733,2945	800	2733294,4955
90	3074,9563	900	3074956,3074
Arpens.		1000	3416618,1194
1	3416,6181	2000	6833236,2387
2	6833,2362	3000	10249854,3581
3	10249,8544	4000	13666472,4775
4	13666,4725	5000	17083090,5968
5	17083,0906	6000	20499708,7162
6	20499,7087	7000	23916326,8356
7	23916,3268	8000	27332944,9549
8	27332,9450	9000	30749563,0743
9	30749,5631	10000	34166181,1937
		100000	341661811,937
		1000000	3416618119,37

Arpen

Arpent de France de 100 perches carrées, la perche linéaire de 22 pieds.			
Perches carrées.	**MÈTRES CARRÉS.**	**Arpens.**	**MÈTRES CARRÉS.**
1	51,0384	10	51038,3694
2	102,0767	20	102076,7389
3	153,1151	30	153115,1083
4	204,1535	40	204153,4777
5	255,1918	50	255191,8472
6	306,2302	60	306230,2166
7	357,2686	70	357268,5861
8	408,3070	80	408306,9555
9	459,3453	90	459345,3249
10	510,3837	100	510383,6944
20	1020,7674	200	1020767,3887
30	1531,1511	300	1531151,0831
40	2041,5348	400	2041534,7775
50	2551,9185	500	2551918,4719
60	3062,3022	600	3062302,1662
70	3572,6859	700	3572685,8606
80	4083,0696	800	4083069,5550
90	4593,4532	900	4593453,2494
Arpens.		1000	5103836,9437
1	5103,8369	2000	10207673,8875
2	10207,6739	3000	15311510,8312
3	15311,5108	4000	20415347,7750
4	20415,3478	5000	25519184,7187
5	25519,1847	6000	30623021,6625
6	30623,0217	7000	35726858,6062
7	35726,8586	8000	40830695,5500
8	40830,6955	9000	45934532,4937
9	45934,5325	10000	51038369,4375
10	51038,3694	100000	510383694,375
		1000000	5103836943,75

L

TABLE VI.		MESURE[S]	
T-T points.	MÈTRES CUBES.	T-T pouces.	MÈTRES CUBES.
1	0,000713	7	0,719112
2	0,001427	8	0,821842
3	0,002140	9	0,924572
4	0,002854	10	1,027303
5	0,003567	11	1,130033
6	0,004280	T-T Pieds.	
7	0,004994	1	1,232763
8	0,005707	2	2,465526
9	0,006421	3	3,698289
10	0,007134	4	4,931053
11	0,007847	5	6,163816
T-T Lignes.		Toises cubes.	
1	0,008561	1	7,3966
2	0,017122	2	14,7932
3	0,025683	3	22,1897
4	0,034243	4	29,5863
5	0,042804	5	36,9829
6	0,051365	6	44,3795
7	0,059926	7	51,7761
8	0,068487	8	59,1726
9	0,077048	9	66,5692
10	0,085609	10	73,9658
11	0,094169	20	147,9316
T-T Pouces.		30	221,8974
1	0,102730	40	295,8632
2	0,205461	50	369,8289
3	0,308191	60	443,7947
4	0,410921	70	517,7605
5	0,513652	80	591,7263
6	0,616382	90	665,6921

Toises cubes	MÈTRES CUBES.	Pieds cubes.	MÈTRES CUBES.
100	739,6579	1	0,034243
200	1479,3158	2	0,068487
300	2218,9737	3	0,102730
400	2958,6316	4	0,136974
500	3698,2895	5	0,171217
600	4437,9474	10	0,342434
700	5177,6052	100	3,424342
800	5917,2631	200	6,848684
900	6656,9210	216	7,396579
1,000	7396,5789	Pouces cubes.	
2000	14793,1578	1	0,000020
3000	22189,7368	2	0,000040
4000	29586,3157	3	0,000059
5000	36982,8946	4	0,000079
6000	44379,4735	5	0,000099
7000	51776,0524	10	0,000198
8000	59172,6314	100	0,001982
9000	66569,2103	1000	0,019817
10000	73965,7892	1728	0,034243
20000	147931,5784	Lignes cubes.	
30000	221897,3676	1	0,000000
40000	295863,1568	2	0,000000
50000	369828,9460	3	0,000000
60000	443794,7352	4	0,000000
70000	517760,5244	5	0,000000
80000	591726,3136	10	0,000000
90000	665692,1028	100	0,000001
100000	739657,8920	1000	0,000011
1000000	7396578,9204	1728	0,000020

La pinte de Paris de 48 pouces cubes, réduite en cadils.

Pintes.	CADILS.	Pintes.	CADILS.
1	0,9512	1000	951,2061
2	1,9024	2000	1902,4122
3	2,8536	3000	2853,6184
4	3,8048	4000	3804,8245
5	4,7560	5000	4756,0307
6	5,7072	6000	5707,2368
7	6,6584	7000	6658,4430
8	7,6096	8000	7609,6491
9	8,5609	9000	8560,8552
10	9,5121	10000	9512,0614
20	19,0241	20000	19024,1227
30	28,5362	30000	28536,1841
40	38,0482	40000	38048,2455
50	47,5603	50000	47560,3068
60	57,0724	60000	57072,3682
70	66,5844	70000	66584,4296
80	76,0965	80000	76096,4910
90	85,6086	90000	85608,5522
100	95,1206	100000	95120,6137
200	190,2412	200000	190241,2272
300	285,3618	300000	285361,8411
400	380,4825	400000	380482,4546
500	475,6031	500000	475603,0682
600	570,7237	600000	570723,6822
700	665,8443	700000	665844,2959
800	760,9649	800000	760964,9092
900	856,0855	900000	856085,5235
		1000000	951206,1366

Le boisseau de Paris de 640 pouces cubes réd. en centicade.

Boisseaux.	CENTICADES.	Boisseaux.	CENTICADES.
1	1,2683	1000	1268,2749
2	2,5365	2000	2536,5497
3	3,8048	3000	3804,8245
4	5,0731	4000	5073,0994
5	6,3414	5000	6341,3742
6	7,6096	6000	7609,6491
7	8,8779	7000	8877,9239
8	10,1462	8000	10146,1988
9	11,4145	9000	11414,4736
10	12,6827	10000	12682,7485
20	25,3655	20000	25365,4970
30	38,0482	30000	38048,2455
40	50,7310	40000	50730,9940
50	63,4137	50000	63413,7425
60	76,0965	60000	76096,4910
70	88,7792	70000	88779,2394
80	101,4620	80000	101461,9879
90	114,1447	90000	114144,7364
100	126,8275	100000	126827,4849
200	253,6550	200000	253654,9698
300	380,4825	300000	380482,4548
400	507,3099	400000	507309,9397
500	634,1374	500000	634137,4246
600	760,9649	600000	760964,9095
700	887,7924	700000	887792,3944
800	1014,6199	800000	1014619,8793
900	1141,4474	900000	1141447,3643
		1000000	1268274,8492

Grains.	FRACTIONS décimales DU GRAVE.	Gros.	FRACTIONS décimales DU GRAVE.
$\frac{1}{128}$	0,0000004	1	0,0038215
$\frac{1}{64}$	0,0000008	2	0,0076429
$\frac{1}{32}$	0,0000017	3	0,0114644
$\frac{1}{16}$	0,0000033	4	0,0152858
$\frac{1}{8}$	0,0000066	5	0,0191073
$\frac{1}{4}$	0,0000133	6	0,0229287
$\frac{1}{2}$	0,0000265	7	0,0267502
1	0,0000531	Onces.	
2	0,0001062	1	0,0305716
3	0,0001592	2	0,0611433
4	0,0002123	3	0,0917149
5	0,0002654	4	0,1222865
6	0,0003185	5	0,1528581
7	0,0003715	6	0,1834298
8	0,0004246	7	0,2140014
9	0,0004777	8	0,2445730
10	0,0005308	9	0,2751446
20	0,0010615	10	0,3057163
30	0,0015923	11	0,3362879
40	0,0021230	12	0,3668595
50	0,0026538	13	0,3974311
60	0,0031845	14	0,4280028
70	0,0037153	15	0,4585744
72	0,0038215	16	0,4891460

Livres.	GRAVES.
1	0,4891
2	0,9783
3	1,4674
4	1,9566
5	2,4457
6	2,9349
7	3,4240
8	3,9132
9	4,4023
10	4,8915
20	9,7829
30	14,6744
40	19,5658
50	24,4573
60	29,3488
70	34,2402
80	39,1317
90	44,0231
100	48,9146
200	97,8292
300	146,7438
400	195,6584
500	244,5730
600	293,4876
700	342,4022
800	391,3168
900	440,2314
1000	489,1460
10000	4891,4601
100000	48914,6011
1000000	489146,0114

L 4

TABLE IX.					

TABLE IX. Pour convertir les sous & deniers de la livre numéraire en décimes & centimes de la même livre.

Sous.	DENIERS.					
	0	1	2	3	4	5
0	0,0000	0,0042	0,0083	0,0125	0,0167	0,0208
1	0,0500	0,0542	0,0583	0,0625	0,0667	0,0708
2	0,1000	0,1042	0,1083	0,1125	0,1167	0,1208
3	0,1500	0,1542	0,1583	0,1625	0,1667	0,1708
4	0,2000	0,2042	0,2083	0,2125	0,2167	0,2208
5	0,2500	0,2542	0,2583	0,2625	0,2667	0,2708
6	0,3000	0,3042	0,3083	0,3125	0,3167	0,3208
7	0,3500	0,3542	0,3583	0,3625	0,3667	0,3708
8	0,4000	0,4042	0,4083	0,4125	0,4167	0,4208
9	0,4500	0,4542	0,4583	0,4625	0,4667	0,4708
10	0,5000	0,5042	0,5083	0,5125	0,5167	0,5208
11	0,5500	0,5542	0,5583	0,5625	0,5667	0,5708
12	0,6000	0,6042	0,6083	0,6125	0,6167	0,6208
13	0,6500	0,6542	0,6583	0,6625	0,6667	0,6708
14	0,7000	0,7042	0,7083	0,7125	0,7167	0,7208
15	0,7500	0,7542	0,7583	0,7625	0,7667	0,7708
16	0,8000	0,8042	0,8083	0,8125	0,8167	0,8208
17	0,8500	0,8542	0,8583	0,8625	0,8667	0,8708
18	0,9000	0,9042	0,9083	0,9125	0,9167	0,9208
19	0,9500	0,9542	0,9583	0,9625	0,9667	0,9708

SOUS	DENIERS.					
	6	7	8	9	10	11
0	0,0250	0,0292	0,0333	0,0375	0,0417	0,0458
1	0,0750	0,0792	0,0833	0,0875	0,0917	0,0958
2	0,1250	0,1292	0,1333	0,1375	0,1417	0,1458
3	0,1750	0,1792	0,1833	0,1875	0,1917	0,1958
4	0,2250	0,2292	0,2333	0,2375	0,2417	0,2458
5	0,2750	0,2792	0,2833	0,2875	0,2917	0,2958
6	0,3250	0,3292	0,3333	0,3375	0,3417	0,3458
7	0,3750	0,3792	0,3833	0,3875	0,3917	0,3958
8	0,4250	0,4292	0,4333	0,4375	0,4417	0,4458
9	0,4750	0,4792	0,4833	0,4875	0,4917	0,4958
10	0,5250	0,5292	0,5333	0,5375	0,5417	0,5458
11	0,5750	0,5792	0,5833	0,5875	0,5917	0,5958
12	0,6250	0,6292	0,6333	0,6375	0,6417	0,6458
13	0,6750	0,6792	0,6833	0,6875	0,6917	0,6958
14	0,7250	0,7292	0,7333	0,7375	0,7417	0,7458
15	0,7750	0,7792	0,7833	0,7875	0,7917	0,7958
16	0,8250	0,8292	0,8333	0,8375	0,8417	0,8458
17	0,8750	0,8792	0,8833	0,8875	0,8917	0,8958
18	0,9250	0,9292	0,9333	0,9375	0,9417	0,9458
19	0,9750	0,9792	0,9833	0,9875	0,9917	0,9958

TABLE X.	Prix du mètre d'une étoffe quelconque d'après le prix de l'aune.		
Prix de l'aune.	PRIX DU MÈTRE.	Prix de l'aune.	PRIX DU MÈTRE.
Deniers.	Livres.	Livres.	Livres.
1	0,0035	1	0,8417
2	0,0070	2	1,6834
3	0,0105	3	2,5251
4	0,0140	4	3,3668
5	0,0175	5	4,2086
6	0,0210	6	5,0503
7	0,0245	7	5,8920
8	0,0281	8	6,7337
9	0,0316	9	7,5754
10	0,0351	10	8,4171
11	0,0386	20	16,8342
Sous.		30	25,2514
1	0,0421	40	33,6685
2	0,0842	50	42,0856
3	0,1263	60	50,5027
4	0,1683	70	58,9198
5	0,2104	80	67,3370
6	0,2525	90	75,7541
7	0,2946	100	84,1712
8	0,3367	200	168,3424
9	0,3788	300	252,5136
10	0,4209	400	336,6848
11	0,4629	500	420,8560
12	0,5050	600	505,0272
13	0,5471	700	589,1984
14	0,5892	800	673,3696
15	0,6313	900	757,5408
16	0,6734	1000	841,7120
17	0,7155	2000	1683,4240
18	0,7575	3000	2525,1361
19	0,7996	4000	3366,8481

Prix de la liv. P.ds de marc.	PRIX DU GRAVE.	Prix de la liv. P.ds de marc.	PRIX DU GRAVE.
Deniers.	Liv. de compte.	Liv. de compte	Livres de compte.
1	0,0085	1	2,0444
2	0,0170	2	4,0888
3	0,0256	3	6,1331
4	0,0341	4	8,1775
5	0,0426	5	10,2219
6	0,0511	6	12,2663
7	0,0596	7	14,3107
8	0,0681	8	16,3550
9	0,0767	9	18,3994
10	0,0852	10	20,4438
11	0,0937	20	40,8876
Sous.		30	61,3314
1	0,1022	40	81,7752
2	0,2044	50	102,2190
3	0,3067	60	122,6628
4	0,4089	70	143,1066
5	0,5111	80	163,5503
6	0,6133	90	183,9941
7	0,7155	100	204,4379
8	0,8178	200	408,8759
9	0,9200	300	613,3138
10	1,0222	400	817,7517
11	1,1244	500	1022,1897
12	1,2266	600	1226,6276
13	1,3288	700	1431,0655
14	1,4311	800	1635,5035
15	1,5333	900	1839,9414
16	1,6355	1000	2044,3793
17	1,7377	2000	4088,7587
18	1,8399	3000	6133,1380
19	1,9422	4000	8177,5174

Fractions ordinaires.	FRACTIONS DÉCIMALES.	Fractions ordinaires.	FRACTIONS DÉCIMALES.
$\frac{1}{2}$	0,500000	$\frac{3}{10}$	0,300000
$\frac{1}{3}$	0,333333	$\frac{3}{11}$	0,272727
$\frac{1}{4}$	0,250000	$\frac{3}{13}$	0,230769
$\frac{1}{5}$	0,200000	$\frac{3}{14}$	0,214286
$\frac{1}{6}$	0,166666	$\frac{3}{16}$	0,187500
$\frac{1}{7}$	0,142857	$\frac{3}{17}$	0,176471
$\frac{1}{8}$	0,125000	$\frac{3}{19}$	0,157895
$\frac{1}{9}$	0,111111	$\frac{3}{20}$	0,150000
$\frac{1}{10}$	0,100000	$\frac{4}{5}$	0,800000
$\frac{1}{11}$	0,090909	$\frac{4}{7}$	0,571428
$\frac{1}{12}$	0,083333	$\frac{4}{9}$	0,444444
$\frac{1}{13}$	0,076923	$\frac{4}{11}$	0,363636
$\frac{1}{14}$	0,071429	$\frac{4}{13}$	0,307692
$\frac{1}{15}$	0,066666	$\frac{4}{15}$	0,266666
$\frac{1}{16}$	0,062500	$\frac{4}{17}$	0,235294
$\frac{1}{17}$	0,058824	$\frac{4}{19}$	0,210526
$\frac{1}{18}$	0,055555	$\frac{5}{6}$	0,833333
$\frac{1}{19}$	0,052632	$\frac{5}{7}$	0,714285
$\frac{1}{20}$	0,050000	$\frac{5}{8}$	0,625000
$\frac{2}{3}$	0,666666	$\frac{5}{9}$	0,555555
$\frac{2}{5}$	0,400000	$\frac{5}{11}$	0,454545
$\frac{2}{7}$	0,285714	$\frac{5}{12}$	0,416666
$\frac{2}{9}$	0,222222	$\frac{5}{13}$	0,384615
$\frac{2}{11}$	0,181818	$\frac{5}{14}$	0,357143
$\frac{2}{13}$	0,153846	$\frac{5}{16}$	0,312500
$\frac{2}{15}$	0,133333	$\frac{5}{17}$	0,294118
$\frac{2}{17}$	0,117647	$\frac{5}{18}$	0,277777
$\frac{2}{19}$	0,105263	$\frac{5}{19}$	0,263158
$\frac{3}{4}$	0,750000	$\frac{6}{7}$	0,857142
$\frac{3}{5}$	0,600000	$\frac{6}{11}$	0,545454
$\frac{3}{7}$	0,428571	$\frac{6}{13}$	0,461538
$\frac{3}{8}$	0,375000	$\frac{6}{17}$	0,352941

Fractions ordinaires.	FRACTIONS DÉCIMALES.	Fractions ordinaires.	FRACTIONS DÉCIMALES.
$\frac{6}{19}$	0,315789	$\frac{11}{13}$	0,846153
$\frac{7}{8}$	0,875000	$\frac{11}{14}$	0,785714
$\frac{7}{9}$	0,777777	$\frac{11}{15}$	0,733333
$\frac{7}{10}$	0,700000	$\frac{11}{16}$	0,687500
$\frac{7}{11}$	0,636363	$\frac{11}{17}$	0,647059
$\frac{7}{12}$	0,583333	$\frac{11}{18}$	0,611111
$\frac{7}{13}$	0,538461	$\frac{11}{19}$	0,578947
$\frac{7}{15}$	0,466666	$\frac{11}{20}$	0,550000
$\frac{7}{16}$	0,437500	$\frac{12}{13}$	0,923076
$\frac{7}{17}$	0,411765	$\frac{12}{17}$	0,705882
$\frac{7}{18}$	0,388888	$\frac{12}{19}$	0,631579
$\frac{7}{19}$	0,368421	$\frac{13}{14}$	0,928571
$\frac{7}{20}$	0,350000	$\frac{13}{15}$	0,866666
$\frac{8}{9}$	0,888888	$\frac{13}{16}$	0,812500
$\frac{8}{11}$	0,727272	$\frac{13}{17}$	0,764706
$\frac{8}{13}$	0,615384	$\frac{13}{18}$	0,722222
$\frac{8}{15}$	0,533333	$\frac{13}{19}$	0,684211
$\frac{8}{17}$	0,470588	$\frac{13}{20}$	0,650000
$\frac{8}{19}$	0,421053	$\frac{14}{15}$	0,933333
$\frac{9}{10}$	0,900000	$\frac{14}{17}$	0,823529
$\frac{9}{11}$	0,818181	$\frac{14}{19}$	0,736842
$\frac{9}{13}$	0,692307	$\frac{15}{16}$	0,937500
$\frac{9}{14}$	0,642857	$\frac{15}{17}$	0,882353
$\frac{9}{16}$	0,562500	$\frac{15}{19}$	0,789474
$\frac{9}{17}$	0,529412	$\frac{15}{20}$	0,750000
$\frac{9}{19}$	0,473684	$\frac{16}{17}$	0,941176
$\frac{9}{20}$	0,450000	$\frac{16}{19}$	0,842105
$\frac{10}{11}$	0,909090	$\frac{17}{18}$	0,944444
$\frac{10}{13}$	0,769230	$\frac{17}{19}$	0,894737
$\frac{10}{17}$	0,588235	$\frac{17}{20}$	0,850000
$\frac{10}{19}$	0,526316	$\frac{18}{19}$	0,947368
$\frac{11}{12}$	0,833333	$\frac{19}{20}$	0,950000

REMARQUE.

LES réfultats contenus dans les tables précédentes font partie d'autres réfultats plus étendus, dont on a fupprimé enfuite un certain nombre de décimales, en ajoutant une unité à la dernière des décimales confervées, dans les cas indiqués ci-deffus (120). Il s'en fuit que tel nombre qui répond au double, au triple, au quadruple, &c. d'un autre nombre compris dans la même table, eft fouvent plus fort d'une unité qu'il ne le feroit, fi on l'eût cherché en multipliant immédiatement le premier par 2, 3, 4, &c. Mais d'après ce qui vient d'être dit, on voit que cette différence ne fait qu'ajouter à l'exactitude du nombre qu'elle affecte.

Nous joignons ici les valeurs de la plupart des bafes qui ont fervi à calculer les tables, ou les rapports entre les principales unités de l'ancien fyftème & celles du nouveau, & réciproquement, avec dix décimales ou davantage. Ces valeurs qui dérivent toutes de celle du quart du méridien, en fuppofant cette dernière rigoureufe, pourront être utiles à ceux qui voudroient avoir certains multiples ou certaines fousdivifions d'une efpèce particulière d'unité, ou entreprendre en général des calculs avec une précifion plus grande que celle qui eft donnée, par les tables.

LE QUART DU MÉRIDIEN TERRESTRE étant de........... } 5132430 toises,

ou.............. 30794580 pieds.

Le MÈTRE vaut en pieds.......... } p.
3,079458. exactement.

Le pied vaut en mètres.......... } mt.
0,3247324691552864.

Le MÈTRE CARRÉ vaut en pieds carrés. } p. q.
9,483061573764. exactement.

Le pied carré vaut en mètres carrés..... } mt. q.
0,105451176523689.

Le MÈTRE CUBE vaut en pieds cubes... } p. c.
29,2026898278201399123. exactem.

Le pied cube vaut en mètres cubes.... } mt. c.
0,034243420927861735.

Le CADIL vaut en pintes de Paris... } pte.
1,05129683380152525.

La pinte de Paris vaut en cadils....... } cd.
0,95120613688522.

Le GRAVE vaut en livres poids de marc. } liv.
2,04437934027777 , &c.

La livre poids de marc vaut en graves..... } gv.
0,489146011358208232.

Le MÈTRE vaut en aune de Paris... } a.
0,841712025323.

L'aune de Paris vaut en mètres........ } mt.
1,188054785879.

F I N.